三维动画基础

SANWEI DONGHUA JICHU

- ■ 主 编 杨 淑 李昱谷 王振刚 周晓莹
- ■ 副主编 徐 琼 李 然 杜 忠 刘 堃

高职高专艺术学门类
"十三五"规划教材

湖北动漫职业教育集团推荐教材
湖北技能型人才培养研究中心研究成果

参编企业
武汉渲奇数字科技有限公司

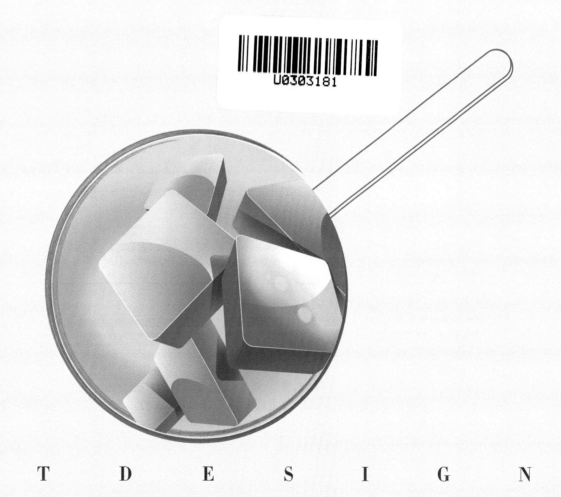

A R T   D E S I G N

华中科技大学出版社
http://www.hustp.com
中国·武汉

内 容 简 介

本书是一本校企共建的、系统的关于三维动画制作的教学书籍。全书以三维软件为制作工具,从软件的基础操作、绑定,再到动画制作,以三维动画师的工作流程为导向进行案例设计。全书案例丰富生动,且全部从企业的真实商业项目中精挑细选而来,涵盖两足、四足、细分到飞禽、多足、半人兽,几乎涉及了三维动画制作的所有角色类型。本书内容由易到难,图文并茂地讲解了十二个运动规律(分别贯穿在角色动画案例之中),分析了每一个动作的关键帧,理实一体、循序渐进地讲解动画师必备的理论知识及动作技能,以帮助学习者为制作高级动画打下良好基础。

图书在版编目(CIP)数据

三维动画基础 / 杨淑等主编. —武汉:华中科技大学出版社,2018.7(2025.2重印)
高职高专艺术学门类"十三五"规划教材
ISBN 978-7-5680-4096-9

Ⅰ.①三… Ⅱ.①杨… Ⅲ.①三维动画软件-高等学校-教材 Ⅳ.①TP391.414

中国版本图书馆 CIP 数据核字(2018)第 159098 号

三维动画基础
Sanwei Donghua Jichu

杨 淑 李昱谷 王振刚 周晓莹 主编

策划编辑:彭中军
责任编辑:段雅婷
责任校对:刘 竣
封面设计:优 优
责任监印:朱 玢
出版发行:华中科技大学出版社(中国·武汉) 电话:(027)81321913
　　　　　武汉市东湖高新技术开发区华工科技园 邮编:430223
录　　排:匠心文化
印　　刷:武汉邮科印务有限公司
开　　本:880 mm × 1230 mm　1 / 16
印　　张:9.5
字　　数:294 千字
版　　次:2025 年 2 月第 1 版第 2 次印刷
定　　价:55.00 元

前言

SANWEI DONGHUA JICHU

动画产业是国家的朝阳产业，随着动画事业在全国迅速发展，对三维动画人才的需求越来越大，同时对三维动画人才的技能和素质要求也越来越高。进一步深化校企合作，推进人才培养模式、课程体系和教学内容的改革，提高办学质量，培养更多的适应社会需求的高素质、技术技能人才是我国动漫高等职业教育的当务之急。

2017 年国务院发布了《国务院办公厅关于深化产教融合的若干意见》，十九大报告中也指出"完善职业教育和培训体系，深化产教融合、校企合作"，可见企业参与高等职业教育的重要性。作为动漫教育的重要环节，教材建设肩负着重要的使命，从这个环节开始就离不开企业的参与。我们组织编写的这本教材，非常重视这一点，从知识点、技能点的提炼，案例的筛选到案例的制作、编写都由校企双方人员共同完成。相信本教材的出版，必将对高职高专动漫、游戏专业的人才培养和教育教学改革工作起到积极的推动作用。本书部分图片资料选自网络，有的无法标注出处，请作者联系我们，我们将在后续的版本中更新。特别在此对您表示衷心的感谢和歉意！

同时要感谢武汉渲奇数字科技有限公司为本书提供了丰富的案例资源，这些案例大多来自该公司参与的网易公司的游戏项目。正是有了这些案例，才能让大家掌握一线游戏动画制作的标准和流程。特别要感谢武汉渲奇数字科技有限公司的总经理李昱谷先生在百忙之中抽出时间和老师们一起创作这本教材，也感谢为本书的动画实例提供指导的武汉渲奇数字科技有限公司的动画总监杜忠先生及动画技术骨干刘堃先生，感谢三位企业界朋友为中国动画职业教育所做的无私奉献！正是有了校企双方的共同努力，才让这本教材更能体现三维动画师的职业特征，更能为行业培养最符合岗位需求的高素质职业技能人才。

此外，这本教材也是湖北技能型人才培养研究中心的科研项目"动漫职教集团办学模式下的动漫设计专业课程改革研究"（2016JB013）的研究成果之一，感谢湖北技能型人才培养研究中心的支持。

最后希望广大师生和读者给我们提出宝贵意见！

编者

2018 年 6 月

目录

第 1 章

三维动画概述

SANWEI DONGHUA GAISHU

◆ **本章指导** ◆

本章主要介绍三维动画原理,并从游戏和影视两个角度介绍三维动画的特点、项目需求、制作思路等,让读者对三维动画有初步但却相对全面的认识,以帮助学习者较快速地定位自己的职业发展方向。

◆ **本章要点** ◆

(1)初识三维动画。

(2)三维动画的分类及需求。

(3)三维动画的特点及制作思路。

◆ **教学建议** ◆

本章内容为理论部分,重点在于培养学生对三维动画动作模块的学习兴趣。教师要帮助学生了解三维动画的制作流程,了解三维动画师的岗位需求及工作职责,引导学生树立成为优秀三维动画师的职业理想。教学时间建议 2 课时,课后通过多种途径进行线上学习。

1.1
初识三维动画

对计划成为一名三维动画师的学习者而言,首先要弄明白什么是三维动画,以及三维动画的制作流程和制作方法是什么,最后才能决定做什么样的三维动画。一提到三维动画,大家脑海里马上就会浮现出几部三维动画片。例如,由迪士尼公司出品的以墨西哥亡灵节为主题的《寻梦环游记》(见图 1-1)就是三维动画电影的优秀代表。在画面风格上,三维动画与二维动画有着非常明显的区别。大家将《寻梦环游记》和不思凡导演的《大护法》(见图 1-2)进行对比就能明显感受到这种视觉上的不同。三维动画技术不仅仅运用在动画电影领域,还运用在其他很多领域,例如游戏、房地产、工业、教育、医疗等。所以三维动画电影并不是三维动画的全部。那么究竟什么是三维动画呢?

三维动画又称 3D 动画,是随着计算机软硬件技术的发展而产生的新兴技术。简单一点说,用三维软件制作的

图 1-1 《寻梦环游记》剧照　　　　　　　　　　　图 1-2 《大护法》剧照

动画都称为三维动画。三维动画和二维动画间的这种立体和平面的视觉区分主要是因为生产工具的不同。三维动画采用三维动画软件制作。三维动画软件在计算机中首先建立一个虚拟的三维世界，创作者在这个虚拟的三维世界中，建立角色及场景模型，为模型赋上特定的材质、灯光等，还要再根据要求让这些模型运动起来，最后渲染输出，生成最终画面。虽然三维动画生产过程是三维的，但最终呈现的视觉效果仍然是二维的。也许随着增强现实技术的发展，大家未来可以裸眼看到真正的立体影像（见图1-3）。

图 1-3 美国 Magic Leap 公司 2015 年发布的视频截图（鲸为虚拟的全息影像）

那么又是怎么做到"让模型动起来"的呢？这要从动画诞生的原理开始讲起。动画的诞生是基于称为视觉暂留现象的人类视觉原理，三维动画也不例外。如果快速查看一系列相关的静态图像，那么我们会感觉到这是一段连续的运动。将每个单独图像称为一帧（FPS），产生的运动实际上是因为人的视觉系统在每看到一帧后会在该帧停留一小段时间。就与传统的胶片电影原理（见图1-4）一样，我们现在看到的三维动画，同样是由一张张图片连续播放形成的。动画有很多格式，我们也可以称之为帧频，简单来理解就是这些序列图片的切换速度。两种常用的格式为电影格式（每秒24帧）和 NTSC 视频（每秒30帧），也就是说1秒钟播放24张图片或30张图片。

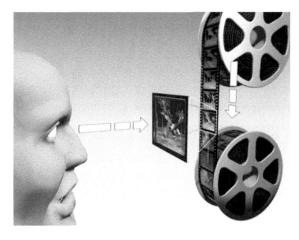

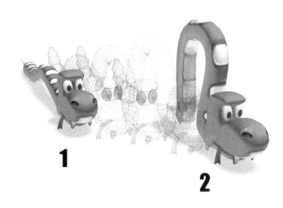

图 1-4 传统胶片电影原理　　　　　　　图 1-5 三维动画原理

最初的动画是用手来绘制图像。如果按1秒24帧来计算，做1分钟的动画需要画1440张图片，这是一项艰巨的任务。因此出现了一种称之为关键帧的技术。传统动画工作室提高工作效率的方法是让主要艺术家只绘制重要的帧，称为关键帧。然后助手再计算出关键帧之间需要的帧，填充在关键帧中的帧称为中间帧。三维软件的制作方法，原理和传统手绘动画一样，也是由动画师先制作出关键帧，但是中间帧的部分就交给三维软件自动计算。如图1-5

所示,位于1和2对象位置的是模型的关键帧,计算机产生中间帧,让大家最终看到的是一系列动作连贯的序列图片,将这些图片连续播放就看到了一条蛇的爬行动画。

虽然三维动画和二维动画一样都是基于视觉暂留原理,都是关键帧动画,但是在制作流程上还是有非常大的区别。具体情况参看以下流程图(见图1-6至图1-8)。

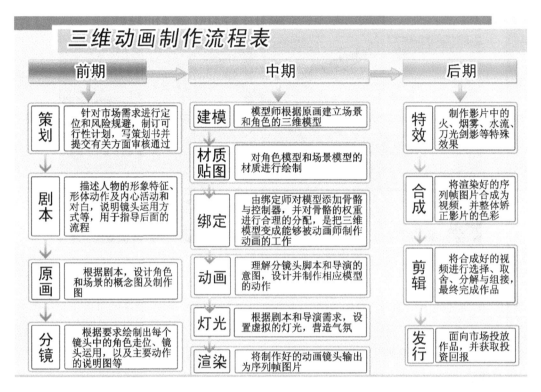

图1-6　三维影视动画制作流程图

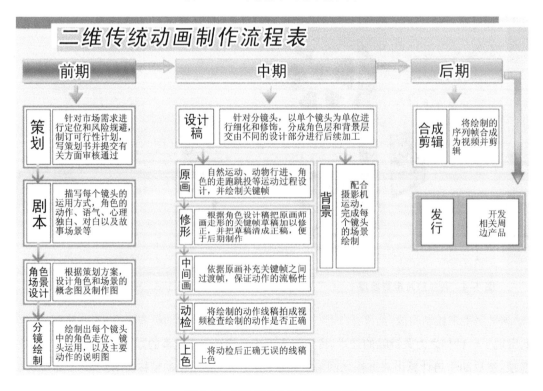

图1-7　二维影视动画制作流程图

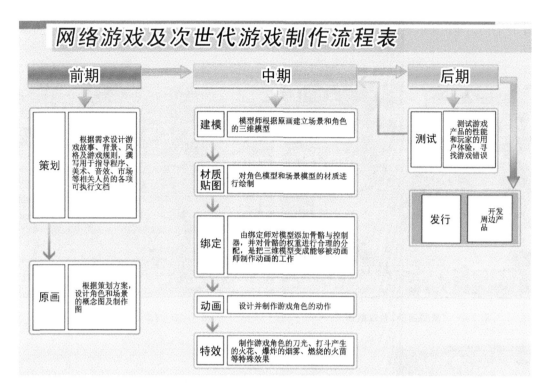

图 1-8　网游及次世代游戏制作流程图

1.2
三维动画项目的分类及动作需求

在多年的教学生涯中,笔者发现很多同学都会面临究竟是从事游戏动画师还是影视动画师的纠结选择,所以这里有必要花一点时间去介绍游戏动画项目和影视动画项目的分类及需求,从而使同学们对两个工作岗位有更深入的了解,同时对三维动画有更深入的认识。

1.游戏动画的项目分类及动作需求

按不同的分类标准,可以将游戏分为不同的类型。例如按游戏方式可以分为动作游戏、音乐游戏、战略游戏、卡牌游戏等;按风格可以分为魔幻类、仙剑类、科幻类等;还可以按游戏载体分为手机游戏、网页游戏和客户端游戏等;当然也可以按制作标准分为网络游戏和次世代游戏。对于三维游戏动画师来说,只关注按制作方法的分类及按项目需求的分类。

在工作中,常碰到两种制作方式的项目:一种是"三渲二"项目,如《梦幻西游》(见图 1-9)、《大话西游》(见图 1-10),另一种是直接进游戏引擎的项目,如《永恒边境》(见图 1-11)、《战国策》。相比而言,引擎项目的要求比"三渲二"项目的要高一些。因为动画文件要直接进引擎,在很多地方都需要按照特定的规范来做。例如,直接进引擎的项目,玩家可以看到角色的每一个角度,所以要求动画师要将角色的每一个角度的姿势都制作得较为完美,而"三渲二"项目,玩家只能看固定的角度,动画师只要保证展现给玩家看的角度比较完美就可以了。因为"三渲二"项目中的最终效果其实是调用渲染出来的可连续播放的二维静态图片，动画师只要保证这些图片连续播放的最终效果就行了。

图1-9 《梦幻西游》游戏截屏

图1-10 《大话西游》游戏截屏

图1-11 《永恒边境》游戏截屏

　　游戏动画项目的常见动作需求有待机、走、跑、攻击、受击、倒地死亡等几种类型。待机动画又分为普通待机动画、战斗待机动画和休闲待机动画。普通待机动画是角色在游戏中处于休息状态时的动画。战斗待机是角色进入战斗状态的动作，标志着角色马上要开始战斗了，一般情况下后面紧接着就是攻击动作、受击动作、死亡动作等。休闲待机又称个性待机，就是角色长时间在原地休闲的时候，每间隔一段时间会播放的动画。个性待机为角色设计一些有趣的、符合个性的小动作，缓解长时间普通待机的无聊感。攻击动画又会根据项目的不同，设定不同的技能，一般分为低级技能、中级技能和高级技能，级别越高，动画要求越炫酷。受击动作一般的项目只有一个需求，但是偶尔碰到复杂一点的游戏项目或者高级一点的角色也会有两个受击动作的需求。做攻击、受击、倒地死亡等动作的时候，第一个关键pose和战斗待机的第一个关键pose是相同的。至于其他的动作衔接，例如从普通待机到走或跑，引擎会自动过渡出一个动作来，让动画不会太跳跃。

2.影视动画的项目分类及动作需求

　　影视动画的分类按不同的标准有不同的分类，最常用的分类方法是按播放途径来分的，如分为电视动画、网络动画、影院动画等；按表演风格来分类又可以分为写实类动画和卡通类动画。无论按哪种方式分类，对于影视动画来说，制作的需求都是一样的，这就是按剧本和导演的要求，为角色设计并制作动作。影视动画的动作需求相比游戏动画来说更加丰富，生活中的任何动作，如吃饭、睡觉、聊天、坐公交等这些日常动作都可能是其需求点。

此外，在游戏中不常见的表情动画也是影视动画师必须掌握的内容。影视动画与游戏动画相比，还多一种情况，就是角色之间的交互性。影视动画中因为各种人物关系或故事情节的推动，在角色与角色之间会有互动，所以我们常常制作两个或多个人的对话、打斗等互动动作，而游戏动画项目中几乎都是角色唱"独角戏"。因为影视动画是由一个一个的动画镜头组成的，所以除了角色的动作制作外，影视动画师还需要完成镜头动画制作，这部分需求在游戏动画中也是很少见的。对影视动画师而言，还必须掌握一定的镜头语言。

1.3 三维动画的项目特点

这一节我们从三维影视动画和游戏动画两方面来总结三维动画的特点。与影视动画相比，游戏动画更加有规律可循。几乎所有的游戏动画都是循环动画，在制作的时候重点考虑的是动画的节奏感、韵律感、呼吸感，以及角色的pose是否美观，动作是否有弹性，动作的设计是否符合角色的策划及原画需求等要素。游戏动画的时间长度，也比较有规律。有的游戏项目的需求文档会明确要求动画帧数，动画师必须按这个要求来制作。在需求文档没有要求的情况下，动画师就可以根据自己的分析和感受来判断需要多少帧，可以多尝试，最后选定一个比较适合的时间长度。有经验的动画师，这个过程相对较快，在做之前就有一个初步的判断。根据经验，一般情况下，普通待机动作和战斗待机的时间长度会在30到50帧之间，如果是个性休闲待机，其时间就要根据动画师设计的动作来具体设定，有的甚至长达一百多帧的时间。受击动画一般情况下是15到20帧的长度。攻击动作一般没有特定规律，根据不同的项目，有的只有七八帧，有的有二三十帧，有的甚至有四五十帧。倒地死亡动作一般不超过50帧。以上只是经验值，并不代表所有的情况都是如此，还是需要具体问题具体分析。

与游戏动画不同的是，影视动画没有特定的动作需求，唯一的需求标准就是剧本和分镜。影视动画比游戏动画更强调表演性，强调动作对角色性格的塑造，强调动作传递故事的力量。三维影视动画就是动画师在三维软件中操作虚拟角色完成的一段段表演，所以影视动画师更像是一名演员。影视动画的制作长度是根据分镜来的，分镜中这个镜头是多长，动画师在制作的时候大致就按这个要求来设计并制作动画。当然，这个长度不是严格地精确控制的，可以有小幅度的偏差。

总之，影视动画项目相比游戏动画项目的动作需求更多，留给动画师发挥的空间也更大，难度也更大。但无论影视动画还是游戏动画都必须有真实的物理量感、生动的生命力、趣味和吸引力。所以无论是游戏动画师还是影视动画师，在初级学习阶段要掌握的核心内容都是一样的，这就是对运动规律的学习与运用，以及对pose的设计和制作能力。这是本书需要解决的问题，除了动画基础、美术基础之外，表演能力也是动画师需要具备的重要能力，这将是高级动画、动画表演等后续课程要研讨的重点。

1.4
三维动画的工作流程及制作方法

无论是三维影视动画还是三维游戏动画,在具体制作动作之前都有一个绑定工作环节。但因为一些实际情况,公司在是否设立专门的绑定师岗位上略有区别。有的公司要求动画师兼顾绑定工作,有的不需要,这种不同的岗位技能需求导致了三维动画师在工作流程上的区别。

影视动画项目的绑定往往非常复杂。首先影视模型是高模,面数很多,且因为剧情的需求,有些角色的功能需求会很特殊。比如变形金刚这种模型,部分高级功能可能需要脚本来实现,这就要求绑定师会使用计算机编程语言。影视角色绑定中还包括难度比较大的表情绑定。影视动画的角色绑定可以说是工程师干的技术活,让动画师这些艺术家去兼职工程师的活儿,确实也有些为难他们。在影视动画公司,会设立专门的绑定师岗位,三维影视动画师的工作流程中一般不包括绑定。但部分小型的动画公司和大部分的游戏制作公司则不同。根据前面的介绍,可以看出游戏角色的动作需求相对简单,所以绑定的功能需求并不复杂。加上模型面数也比较低,从业者只需要掌握简单的绑定技术就能应对日常工作。动作熟练的工作人员,完成一个绑定可能只需要一两个小时。所以一般情况下,游戏公司都会要求游戏动画师完成角色的绑定工作。刚进入行业的游戏动画新手,组长一般都会安排他先做一段时间的绑定,再逐步过渡到动画制作阶段。

游戏的动画制作环节,流程比较简单,但影视动画制作需求复杂、要求高,为了控制质量,工作流程分得较细,且要求动画师严格遵守流程规范。一般情况下,影视动画师的工作是从 Layout 制作开始的。Layout 阶段要制作镜头动画,以及该镜头中人物在场景中的走位,不需要制作角色关键帧。完成 Layout 后要提交给动画导演或动画组长审核,审核过关后才能开始制作关键帧、BD 帧以及最后的润色。作为影视动画新手,首先要过关的就是制作 Layout。碰到高需求的动画项目,Layout 制作就会花费大量的时间。

2012 年,长江职业学院与深圳数虎图像科技有限公司进行校企合作,开展订单班教学。2013 届动漫设计与制作专业数虎订单班的学生,在实训阶段第一次参与了真实商业项目《聚精会神榜》的制作。但他们在 Layout 阶段停滞了快三个月时间,迟迟不能进入关键帧动画阶段。为了提高同学们这方面的能力,当时深圳数虎图像科技有限公司的动画总监及导演可以说是绞尽脑汁。在吸取此次经验后,长江职业学院在后来的课程体系改革中,专门设计了有针对性的课程,训练学生理解分镜、制作镜头、摆好 pose 的能力。作为未来的三维影视动画师,大家也一定要重视这方面的学习。

三维动画制作,多采用 pose to pose 的方法。这种方法比较容易掌握,也便于及时发现问题,及时修改。以行走动画为例,制作思路是把走路分解为 5 个关键帧,先把第一个关键帧的 pose 完整地做完,包括重心、头、手、脚等,然后再做下一个关键帧 pose。将五个关键帧 pose 都制作好以后,再调整节奏,增加细节。除了这个方法外,还有从局部到整体的方法,在游戏动画制作中就经常使用。同样,以行走动画为例,动画师会首先制作根关节——重心的动画,先确定重心的运动节奏,通过重心运动的节奏就基本确定了整个动画的节奏,然后在此基础上再做腿部动画、腰部动画、胸部动画、手臂动画,最后再做头部动画。从局部依次完善五个关键帧,最后再从整体去重新调整。有必要的话会再添加一些细节,让动作更加完美。当然在实际动画制作过程中,不同的动画师也会有不同的制作方法,同一个动画师在面对不同项目的时候也会使用不同的制作方法。大家在学习、工作的过程中也应该多探索,寻找适合自己的动画制作方法。

　　读完本节内容,大家可能会有以下疑问:影视动画师是否完全不需要学习绑定呢?而游戏动画师是否完全不需要了解镜头语言呢?我的建议是,所有的三维动画师都应该掌握简单绑定的制作技巧和思路,同时应该掌握基本的镜头语言,因为这更有利于自己的职业发展。毕竟部分中小型的影视动画公司还是会要求动画师做绑定的。在同等条件下,会绑定的动画师在求职过程中,往往也会被优先考虑。而且随着网络条件、计算机硬件条件的升级,加上玩家期望值的提升,游戏项目对动画制作水平也提出了越来越高的要求。有的游戏动画项目中也有一些过场动画,对镜头动画也提出了需求,而有的游戏动画项目的品质一点也不输影视动画,所以不可将两者完全分离。为了更好地应对将来的就业环境,同学们需要掌握的技术和知识应是多多益善、精益求精。

课后练习

　　1.撰写一篇 1000 字左右的职业规划报告,详细阐述自己的职业规划。通过互联网搜集岗位信息、公司信息,列出 10 个您最希望就业的公司及岗位名单。

　　2.选择 3～5 个自己平时最喜欢玩的游戏项目或影视动画项目,针对项目的动作制作,撰写 300～500 字的短篇评论。

第 2 章

三维动画师常识

SANWEI DONGHUASHI CHANGSHI

◆ **本章指导** ◆

本章主要介绍三维动画师的岗位要求、职业特点、职业晋升、学习方法等内容,对三维动画师这一岗位有全面、深入的认识,以帮助学习者轻松地定位自己的职业发展方向,并为以后从事三维动画这一职业指明方向。

◆ **本章要点** ◆

(1)三维动画师的日常工作。

(2)三维动画师的成长路线。

(3)三维动画师求职建议。

(4)三维动画学习资源。

◆ **教学建议** ◆

本章内容有条件的学校可安排考察课,带领学生进动漫、游戏企业考察。或邀请企业行业的动画总监、导演、HR 等技术管理人员到校讲座,与学生面对面交流。不具备考察条件的学校可以安排自学。建议教学时间为 4 课时。

2.1
三维动画师的日常工作

从第 1 章中我们已经了解了三维动画的生产流程。在这个流程中,那些"让模型动起来"的人,我们可以称为三维动画师。动画师的工作非常有趣,但是也非常辛苦。因为长时间的伏案工作,加上不良的工作习惯,大部分的动画师都有不同程度的颈椎病或腰椎病。所以,即将进入职场的同学们,一定要养成良好的工作习惯。当然高投入带来的就是高收入,一名成熟动画师的收入也非常高。在大部分公司,动画师的收入都分为基本工资和绩效工资两个部分,当然也有按固定工资的形式来发放劳动报酬的公司,公司会根据你的入职测试水平来确定你的薪资等级。

在游戏项目中,游戏动画的绩效会根据不同的类型来确定。以武汉渲奇数字科技有限公司为例,一般情况下,待机、走、跑等动作是 0.5 天的绩效。受击动作一般是 0.25 天的绩效,因为受击动作比较有规律,制作相对简单一点。死亡动作的绩效一般是 0.75 天的绩效,攻击和受击动作根据实际情况一般是 1~2 天的工作绩效。在游戏公司里面,员工的收入是根据绩效来结算的,做得越多就拿得越多。例如一个员工做一个走路动画,项目给的正常绩效是 0.5 天的绩效,如果公司给一个初级动画师的绩效标准是每天 200 元人民币,那么只要这名动画师把这个走路动画做完,那就可以拿到 100 元的工作报酬。如果他的速度再快一点,0.25 天就可以完成一个走路动画,那么这位员工一天可以做 4 个走路动画,就可以挣 400 元的绩效,当然提高速度的前提是保证质量。

在影视动画项目中,动画师的绩效是根据完成的镜头数量和时间长度来定的,计算方法很简单。这部分工作一般由动画组长来分配。

2.2

三维动画师的成长路线

如果是全日制学历教育培养的动画师,其知识和技能受学校培养定位的影响比较大,总的来说,"学院派"的培养会比较全面系统,而社会培训的内容相对比较集中。在市场上的三维动画培训班,一般情况下,培训周期是 6 个月。培训教师大多是来自于一线的工作人员,他们有比较丰富的项目经验。好的培训学校也有比较完善的培养体系,在相对集中的时间段里经过一定的训练可以达到入职要求。但是面对高质量的项目时,初级入职者还是需要在组长的带领下,经过简单项目的训练,慢慢地接触一些难度较大的项目,逐渐达到项目要求,成长为一名成熟的动画师。而这个时间段大概是一年,有的甚至可能需要更长的时间。所以学习三维动画的同学一定要摆正心态,碰到困难不轻言放弃。学习动画本来就是一个周期很长的过程,所有成功的动画师都这样坚持过来的。

学动画,首先要提高的就是自己的欣赏水平,多看优秀作品是非常有必要的。一定要多欣赏,多去接触三维动画作品。把眼界提高了,明白了什么样的动画是好的动画,才能做出好的动画。并且需要尽可能地多积累项目经验,特别是高品质的项目经验。

2.3

三维动画师求职建议

在动画行业,公司最关注的是应聘者的作品,至于应聘者的学历则是锦上添花。因为进入工作岗位,应聘者能不能为公司创造价值才是他能不能留下来的最终标准,所以实力才是吃饭的本钱。游戏行业中经验比较丰富的HR,拿到一份简历后,就会首先看应聘者的作品。HR虽然可能不是专业人员,但长期的工作接触,让HR对应聘者的专业作品有较好的判断力,如果连HR这一关都过不了,那么你的简历一般就不会传到动画总监那里了。当然,有些没有作品判断力的HR可以关注简历中应聘者写出的项目经验,并且可以根据这位应聘者的项目经验来判断应聘者是否优秀。一般情况,只有好公司才会有好项目,而好项目、好公司培养的人一般不会差,所以他们会优先考虑这一部分人。另外,应聘者在之前公司的工作时间长度也会是HR考虑的一个关键点。如果应聘者在之前的每一个公司都只待了两三个月,那么给HR的印象就是应聘者比较浮躁,HR会怀疑这位应聘者是否能够长时间地为本公司服务。既有好作品又有好项目经验的应聘者非常受公司的青睐,如果这位应聘者同时还具有比较高的学历,如应聘者是比较正统的美术专业出身,那么应聘者基本就具备了同公司"谈价钱"的资本了。

如果是应届毕业生,作品就是最重要的筹码了。当然,如果能在校就参与一些项目,并能在简历中提供这些真实的商业项目作品,那么你就能在众多求职者中脱颖而出了。所以应届毕业生们一定要多准备作品,准备好的作品,并能找机会实习,积累真实的项目制作经验。

这里值得一提的是,求职的作品、项目是否优秀肯定是重要的标准,但看作品和项目的时候,HR 也不全是看质量好坏或水平高低,还要看类型。因为在游戏或动画行业,项目有不同的风格、不同的类型。就拿游戏动画来说,网页游戏与次世代游戏这两种游戏的要求不完全一样,另外从风格上来说,有的是写实的,有的是卡通的,如果这家公司是写实类的游戏项目,而你的作品只有简单卡通类的作品,虽然你的作品可能很优秀,但是公司在你是否能完成写实角色的项目问题上还是把握不准,这个时候又刚好有另一份简历作品是写实类的,虽然有点欠缺,但基础还不错,有培养的潜质,那么你可能就错过了这个公司的面试邀请。所以有时候没有面试邀请,不是你不够优秀,可能仅仅是你的作品类型或风格不适合这家公司。我对于应届毕业生的建议是,在入行前,多尝试不同类型、不同风格的动画训练,这样自己的机会会更多,在入行后,根据自己的机遇和兴趣来选择方向。当然如果你自己非常肯定,目标也非常明确,这种情况就除外。你自己就一心一意做这方面的练习和准备就好了,毕业后就有针对性地找工作。但是这样一来,你可能会错过很多其他的机会,也许这些机会更好,并且说不定你会发现,自己更擅长后面的选择。

如果你的简历够优秀,就可以顺利进入面试关。这个时候 HR 最关注的是员工的心态问题。作为一名应届毕业生,心态往往是公司考虑的重要标准。如果你在面试中表现出很浮躁,公司一般也不会留你的。面试时,有的 HR 虽然看过你的简历,对你有初步的了解,但还是会让你做自我介绍。千万不要小看了自我介绍。这可不是 HR 没事找事,从自我介绍里面,他对你就可以有初步的判断,可以看出简历上看不出的状态。不要在第一轮面试的时候就给公司提要求。一开始你要努力证明你的价值,要去思考你能为公司创造什么价值。所谓先人后己,在与人相处上是这样,在求职应聘与公司打交道上也是这样的道理。所以你要努力打动 HR,让你过他这一关。

如果你够幸运,那么就会进入下一关的面试,见动画部门的负责人(动画总监或动画组长)。他们一般会对你进行技术测试,考核的重点自然就是你的动手能力了,从你的测试作品中去观察你的操作规范、精细程度和项目经验。这个时候你需要做的就是努力把测试题做好,体现自己的最佳水平。测试一般要求在公司完成,如果你的测试结果和简历中提交的作品严重不符,那么作假的嫌疑就很大了,所以不要试图简历作假,诚实是最基本的做人标准。对于三维动画行业来说,从来都是团队作战,所以团队精神也是他们考核的重要内容。通过了技术面试后,恭喜你就能正式办理入职手续了!但不要忘记还有 3 个月的试用期,所以一刻都不能松懈!

2.4 三维动画学习资源

作为一名优秀的三维动画师,您应该首先是一名优秀的自学者。自学能力是非常重要的能力,除了这本书外,您手里还应该有以下这些学习资源。

1.经典网站论坛推荐

(1)腾讯课堂 https://ke.qq.com。

(2)动画师自由交流社区 http://kengliren.com/forum.php。

(3)AVG 资讯频道 http://www.avgchannel.com/animation。

(4)AnimeTaste http://animetaste.net。

(5)中国独立动画电影论坛 http://www.dulidonghua.com。

(6)CGJOY https://www.cgjoy.com。

（7）11 秒俱乐部 http://www.11secondclub.com。

（8）动画艺术实验室 http://group.mtime.com/aal。

（9）CG 模型网 http://www.cgmodel.com。

2.经典书籍推荐

（1）《原动画基础教程——动画人的生存手册》,理查德·威廉姆斯,中国青年出版社。

（2）《Advanced Animation》、《Cartoon Animation》,Preston Blair。

（3）《彰显生命力——动态素描解析》《力量——动画速写与角色设计》,Michael D. Mattesi,人民邮电出版社。

（4）《动画——角色的运动和动作》,克里斯·韦伯斯特,人民邮电出版社。

（5）《大师镜头》系列图书,电子工业出版社。

（6）《大师场景:导演、编剧、剪辑师必知的顶级场景转换术》,Jeffrey Michael Bays,电子工业出版社。

（7）《生命的幻象——迪士尼动画造型设计》,弗兰克·托马斯,中国青年出版社。

3.需要关注的赛事、奖项及作品

（1）奥斯卡金像奖最佳动画短片。

（2）安妮奖。

（3）法国昂西国际动画电影节。

（4）中国国际动漫节(金猴奖)。

（5）厦门国际动漫节(金海豚奖)。

（6）"新光奖"中国西安国际原创动漫大赛。

4.动漫微信公众号

（1）动画师,微信号:animatorweb。

（2）动画学术趴,微信号:babblers。

（3）wuhu 动画人空间,微信号:wuhu1768。

（4）动漫资源,微信号:www51cacg。

（5）动漫产业信息和研究,微信号:ACG_industry。

（6）CIAFF(中国独立动画电影论坛),微信号:ourciaff。

（7）影视工业网,微信号:ilove107cine。

（8）艺术动漫,微信号:gh_b8a0b01a9b32。

（9）动漫文化,微信号:gh_5a3e4ff22560。

（10）七点 GAME,微信号:SEVEN-7GAME。

课后练习

（1）选择当地您最想入职的游戏公司或动画公司,进行实地考察,并撰写考察报告。

（2）针对您的意愿公司发布的招聘岗位需求,制作一份简历。在制作过程中寻找自己的不足,并做一份清单,针对清单制订一份学习计划。

（3）养成阅读习惯,每日浏览推荐资源中的网站、公众号、书籍等资料,充实自己的专业信息量。

第 3 章

三维动画师软件基础技能

SANWEI DONGHUASHI RUANJIAN JICHU JINENG

◆ **本章要点** ◆

(1)3Ds Max 及 Maya 软件概述。

(2)三维动画软件主窗口界面介绍。

(3)动画师应该掌握的三维软件操作技能。

◆ **教学建议** ◆

本章是三维软件的基本操作技能训练,是使用三维软件的第一步。本章主要在于熟悉三维软件的界面及常用工具,掌握三维动画软件中设置关键帧的操作制作步骤和思路。本章内容相对简单,建议教学时间为2课时。

3.1
3Ds Max 及 Maya 软件概述

3Ds Max 及 Maya 都是 Autodesk 公司开发的三维动画软件,是目前世界上应用最广泛的两款三维动画制作软件。Maya 功能十分全面,集成了最先进的动画及数字效果技术,包括最先进的建模、材质、骨骼、渲染系统,它的动力学模拟系统,包括刚体、柔体、流体力学,布料、皮毛和毛发仿真,再结合使用强大脚本编辑语言,使 Maya 成了当今最伟大的特殊效果制作工具之一。3Ds Max 提供了比较全面的建模、动画及渲染解决方案,但是要制作高级别的动画与特效,要靠一个庞大的插件群来支持,比如有支持其带有阴影能力的体积烟雾的插件,或者模拟复杂流体动力学的插件等。

对动画师而言,三维软件仅仅是工具,就像是炒菜使用的锅铲一样,无论用什么锅铲,重点是能做出美味的菜肴。但对于初学动画的同学,如果一定要选择一款软件,推荐使用 3Ds Max。3Ds Max 的中的 Character Studio 功能集提供了制作 3D 角色动画的专业工具,使用其 Biped 骨骼系统制作动画相对比较简单,可以让大家将更多的精力放在动画原理的学习上,而不用在软件学习上花费过多的时间。并且网络上运用 Biped 制作动画的教学电子资源非常丰富,非常方便大家自学。

大多数情况下,使用 3Ds Max 软件制作三维游戏动画的公司较多,使用 Maya 制作影视动画的公司比较多。但游戏动画也有使用 Maya 的情况,影视动画也有使用 3Ds Max 的项目。对于立志成为三维动画师的同学,两款软件都应该去尝试。

3.2
三维动画软件主窗口界面介绍

下面就以 3Ds Max 为例,简单介绍软件的主窗口界面(见图 3-1)。如果对学习 Maya 感兴趣的同学也可以打开软件尝试一下。两个软件在部分操作上有所区别,本书在文中也已经列出来,方便大家自学。

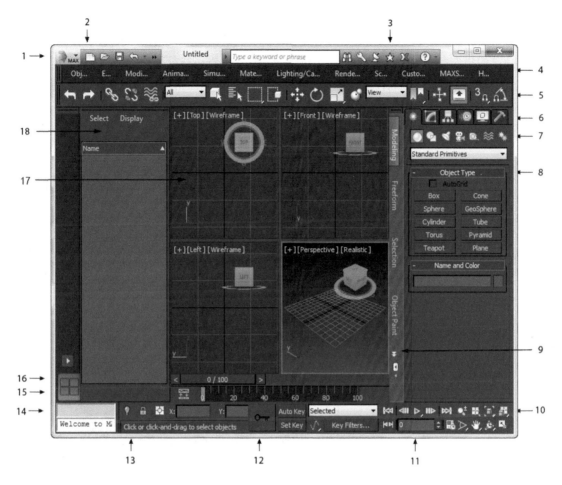

图 3-1　3Ds Max Design 窗口(图片来自 3Ds Max 官方帮助文档)

1—"应用程序"按钮;2—快速访问工具栏;3—信息中心;4—菜单栏;5—主工具栏;6—命令面板选项卡;

7—对象类别("创建"面板);8—卷展栏;9—功能区;10—视图导航控件;11—动画播放控件;12—动画关键点控件;

13—提示行和状态栏控件;14—3Ds MAXScript 迷你侦听器;15—轨迹栏;16—时间滑块;

17—视图窗口;18—场景资源管理器

1.视图窗口

　　动画师最常用的就是视图、时间滑块、轨迹栏、动画播放控件、动画关键点控件。占用面积最大的是"视图"区域,这是动画师的工作区。默认情况下,3Ds Max 打开后会同时显示 Top(顶视图)、Front(前视图)、Left(左视图)、Perspective(透视图)4 个视图窗口。单击窗口的空白处可以选中这个窗口,如图 3-1 中的透视图就是被选中的视图,它的周围有黄色亮边显示。

　　高版本的 3Ds Max 默认是黑色界面,也许大家会觉得这个黄色高亮边框并不特别明显,或者习惯于低版本界面的同学也许会觉得高版本的 3Ds Max 黑色界面使用起来不习惯,那么 3Ds Max 提供了浅色皮肤供大家使用。方法是单击菜单"Customize"→"Custom UI and Defaults Switcher",打开窗口,在 UI schemes 下方选中浅色皮肤界面,再点"Set"按钮就可以了。

　　点击左上角的视图名称,会出现一个菜单(见图 3-2),从中还可以看见 Back(后视图)及 Right(右视图)两个视图。并且除了右视图,其他视图后面都有字母。这是它们的快捷键,T——顶视图、F——正视图、L——左视图、P——透视图。小写状态下,利用按键盘上的这些键可以切换到相应视图。

　　如果想为右视图也设置快捷键,可以点击菜单"Customize"→"Customize User Interface",打开 Customize

User Interface 窗口,选中"Keyboard"选项卡,选中左边滚动列表窗口的"Right View"。为了提高选中效率,可以尝试按 R 键,快速跳到以 R 开头的列表。然后在"Hotkey:"后面输入快捷键,如果输入的快捷键已经在其他地方使用过了,对应的快捷键的操作会在"Assigned to:"后面显示出来,如果没有被征用,则会提示"<Not Assigned>"。这里,可以为右视图设立快捷键为 Shift+R,然后点击"Assign"按钮确定。当左边的"Right View"后面有"Shift+R"后就说明设置成功。最后可以点击右下方的"Save"按钮,保存快捷键设置方案。如果要删除快捷键设置,同样的流程,点击"Assign"后面的"Remove"按钮。(见图 3-3)

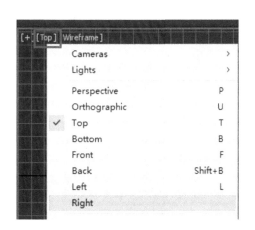

图 3-2 视图切换菜单

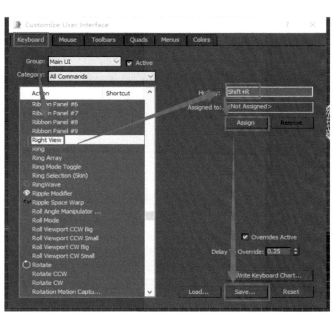

图 3-3 设置快捷键的操作步骤图

这里继续补充"Customize"菜单下的其他命令。"Revert to Startup Layout"恢复初始界面。因为 3Ds Max 的工具架都可以浮动显示,很容易被打乱,使用此命令可以将软件界面恢复到最初始的状态。

在做动画的时候还经常使用的快捷操作就是"Ctrl+Z"撤销,并且常常撤销很多步。3Ds Max 默认的撤销步数并不多,如果想增加撤销步数,可以点击"Customize"下的"Preference"打开预设设置窗口,将"General"下面的"Scene Undo"中的"Levels:"后的数字调高,一般设为 50 就足够了(见图 3-4)。如果设得太高,会耗费过多计算机内存资源。

2.时间滑块

如果场景中有动画,拖动时间滑块时将播放动画。滑块栏上显示当前帧,斜杠(/)以及活动时间段的总帧数。如图 3-5 所示的" 33/100 "表示 100 帧中的第 33 帧。当前帧的号码也显示在当前帧字段中。也可以

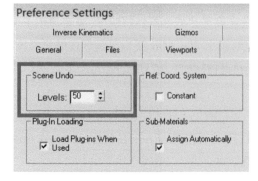

图 3-4 设置撤销步数

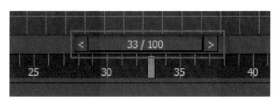

图 3-5 时间滑块

在此字段中直接输入帧编号或时间来转到该帧。

注：为了描述方便，本书用 F 代表帧，后面的数字代表帧数，例如第 0 帧，本书简写为 F0，依次类推，第 10 帧简写为 F10。

通过位于时间滑块左端的“＜”和右端的“＞”按钮，可分别将动画向后和向前移动一帧。这与时间控件中的 “上一帧”和 “下一帧”按钮相似。如果启用“关键点模式” ，这些按钮就是“上一关键点”和“下一关键点”按钮。按键盘上的“<”或“>”键可以达到同样的效果。

3.轨迹栏

轨迹栏位于视图下方，时间滑块和状态栏之间。轨迹栏提供了显示帧数的时间线。选择一个对象，就可以在轨迹栏上查看其动画关键帧，并且能够移动、复制和删除关键帧。可以单击位于时间轴左端的按钮 ，打开迷你曲线编辑器。曲线编辑器是非常有用的工具，在后面的章节会详细介绍。

时间轴显示的活动时间段也是可以修改的，方法是按 Ctrl 和 Alt 组合键，同时拖动时间轴。光标上的工具提示

和状态栏消息将指出所设置的范围。

具体操作如下：

Ctrl + Alt + （鼠标左键）拖动时间轴，可滑动范围的起点；

Ctrl + Alt + （鼠标右键）可滑动范围的终点；

Ctrl + Alt + （鼠标中键）可同时更改开始帧和结束帧。

除了上述方法外，还可以单击 （时间配置）按钮，打开“Time Configuration”窗口，通过修改“Start Time:”和“End Time:”后面的数字（见图 3-6 红色线框部分）来修改。这里还可以通过修改“FPS”后面的数字调整帧频，或是修改“Speed:”后面的数字调整播放动画的速度。

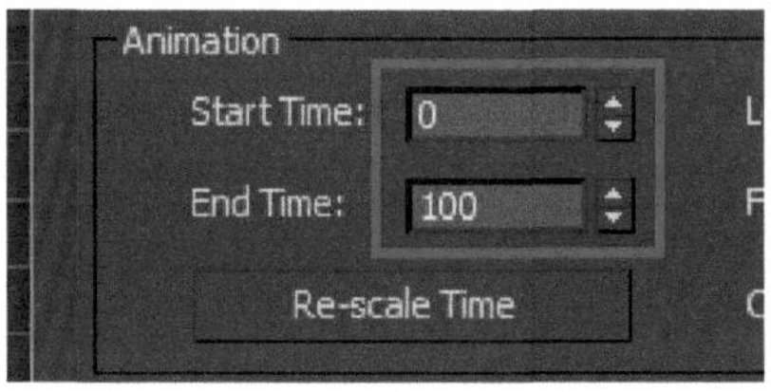

图 3-6 “Time Configuration”时间配置窗口

在时间轴的下方有一个锁形图标，启用 （选择锁定切换）或按 [space] 锁定当前选中物体。这样这个物体将不能被选中。

4.动画播放控件

现在接着介绍动画播放控件的其他时间控制按钮。按钮 （转至开头）可将时间滑块移动到活动时间段的第一个帧，按钮 （转至结尾）可将时间滑块移动到活动时间段的最后一个帧。按钮 用于播放 / 停止动画，按键盘上的为“?”键也可播放或暂停动画。（Maya 模式的快捷键为：Alt +V。）

5.动画关键点控件

Auto Key（自动关键点）或者 Set Key（手动关键点）

处于活动状态（红色）时，时间滑块背景将以红色高亮显示，以指示 3Ds Max 处于设置关键帧模式。在 Auto Key 模式下，只要改变了物体的位置，3Ds Max 都会自动为其在当前帧下记录关键帧。按字母“N”键也可以打开或关闭自动关键帧模式。前面钥匙按钮 的功能是记录关键帧,可以为模型或者 Bone 骨骼记录关键帧,对 Biped 骨骼无效,Biped 有专门的记录关键帧工具,快捷键是"K"。(Maya 模式的快捷键为"S"。)

6.主工具栏

除了这些动画师专用的工具外,动画师在工作中还常用以下工具,它们位于软件界面最上方的主工具栏内,重点学习以下工具。

选择并链接工具,先单击选中子对象,光标会出现一条虚线,拉动光标再单击父对象,就可以建立两者的链接关系。建立链接关系后,当移动父对象的时候,子对象也会随之移动,但是移动子对象的时候,父对象不受影响。

打断链接工具,可以将上述的链接关系打断。

即选择过滤工具。动画师在选择场景中的骨骼 Key 动画时,常常会误操作选中模型,可以点击右边的下拉箭头,切换到 Bone 模式,这样就只能选中场景中的骨骼了。

对象选择工具,直接单击鼠标左键,可以选中场景中的对象。

即按名称选择,按"H"键来按名称选择对象。点击后会出现选择对话框,选择名称后,点击"OK"即可选择这个对象。

(选择并移动)、(选择并旋转)或(选择并均匀缩放)工具的作用不再赘述。需强调的是,点击缩放工具图标下方的小三角形不放,也可以选择不同的缩放选项。三者的快捷键分别是键盘上的"W"、"E"和"R"键。

这里可以切换不同的坐标轴(见图 3-7),在制作动画的时候,为了操作上的方便,常常需要使用不同的坐标轴。

创建快选组工具,动画师常常使用这个工具将某一类对象放在一个组,以方便快速地选中这些对象。例如:常常将所有的 Biped 骨骼创建一个组,所有的 Bone 骨骼单独放一个组,模型再单独放在一个组。点击前面的"ABC"小图标会打开编辑窗口,可以增加或者删除组内的对象。

打开曲线编辑器,曲线编辑器是三维动画师必须掌握的工具,在后面的内容中会详细简介如何使用它。

图 3-7 切换坐标轴

3.3
三维动画操作技能

在三维动画的中期制作工作岗位群里,三维动画师对软件的依赖是最小的,所以尽管三维软件很复杂,但动画师制作动画需要掌握的操作技能却并不复杂。大家只需要制作下面这个简单动画案例就能掌握这部分技能,然后举一反三,制作更多、更复杂的动画。

步骤 1：创建一个小球

单击右边的新建选项卡→新建模型→Sphere，在 Top 视图的场景中拖动鼠标左键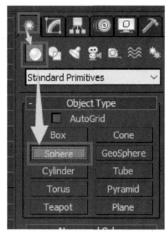,创建一个球。(见图 3-8)

按快捷键 F3 可以将新建的对象(球)以线框模式或着色模式显示,F4 启用或禁用边面,可以在着色模式显示的同时显示(或不显示)线框。

步骤 2：放大透视图

按 Q 键,退出创建模型工具,切换到选择工具。单击"Perspective"窗口,选中该窗口,再按组合快捷键"Alt+W"放大且独立显示透视图。再按一次组合键"Alt+W"可以切换回来。(Maya 模式采用空格键切换。)

在所选视图中,滚动鼠标中键就可以将小球拉近(放大)或是拖远(缩小)显示。单击鼠标中键,可以移动视图(Maya 模式是 Alt+ 中键)。Alt+ 中键可以旋转视图(Maya 模式是 Alt+ 左键)。

图 3-8　步骤 1：创建一个小球

步骤 3：为小球记录第一个关键帧

将时间滑条拖到第 0 帧(F0)的位置。按 W 键,切换到移动工具,点击小球,然后点击钥匙 按钮,或者按 K 键。大家可以发现时间轴上 F0 的位置会出现彩色的小方块,这就是为小球记录的第一个关键帧。

步骤 4：使用手动模式为小球记录第二个关键帧

(1)点击 Set Key 按钮,进入手动关键帧模式,视图周围会出现红色高亮显示的线框作为提示。这一步非常重要,一定不要忘记。

(2)先将时间滑条拖到 F20,再将小球的位置沿 Z 轴往上移动一段距离,然后再按 K 键。在 F20 的位置同样出现了彩色小方块,这就是记录的第二个关键帧。

如果我们忘记激活手动关键帧模式,在 F20 改变小球位置的时候,会同时改变 F0 的小球位置。关掉关键帧模式常常用在需要整体调整动画的时候。

步骤 5：使用自动关键帧模式为小球记录第三个关键帧

(1)点击 Auto Key 按钮,进入自动关键帧模式。

(2)先将时间滑条拖动到 F40,然后再沿 Z 轴往下移动小球到与 F1 相同的位置。这时候在 F40 的位置会自动出现一个红色小方块。3Ds Max 为小球自动记录了一个关键帧。

步骤 6：使用旋转工具为小球记录第四个关键帧

(1)按 E 键,切换到旋转工具,坐标轴会变成旋转坐标。

(2)拖动时间滑条到 F50 的位置,然后将光标放在蓝色轴线上,按住左键不放,拖动鼠标,使得小球沿 Y 轴旋转约 90°。时间轴上 F50 的位置会出现一个绿色的小方块。

步骤 7：使用缩放工具为小球记录第五个关键帧

(1)按 R 键,切换到缩放工具,坐标轴会变成缩放坐标。

(2)拖动时间滑条到 F60 的位置,将光标放在 X 轴上,然后按住鼠标左键不放,再拖动鼠标,沿 X 轴线放大小球。F60 的位置会自动出现蓝色方块。3Ds Max 为小球又自动记录了一个关键帧。

这时,时间轴上记录的五个关键帧,如图 3-9 所示。从这几步的操作可以总结出以下两个特点。

图 3-9　时间轴上记录的五个关键帧

（1）关键帧使用颜色编码。红色代表位移，绿色代表旋转，蓝色代表缩放。

（2）手动记录的关键帧会对位移、旋转、缩放三个参数都记录关键点，自动记录模式下，只有发生变化的参数才会被记录关键帧。

点击播放按钮或按" ? "键可以播放刚才制作的动画。观看具体效果，请打开 c3 文件夹中的"c3 动画操作练习"。

课后练习

自己创建一个模型，并让模型按任意方式运动起来。

评分要点：只要能让模型动起来即可得分！主要是通过练习达到一定的操作熟练度。

第 4 章

让角色具有运动之骨
——绑定

RANG JUESE JUYOU YUNDONG ZHI GU——BANGDING

◆ **本章指导** ◆

绑定是制作动画的基础,只有完成了绑定的模型才能被动画师使用。绑定分骨骼搭建和蒙皮两个部分。本章第一节是 Bone 骨骼基础知识及搭建技巧,第二节是 Biped 骨骼系统的基础知识及骨骼搭建,两节分别示范一个案例,介绍了两套骨骼是如何配合模型完成架设的。第三节介绍蒙皮工具及蒙皮技巧。

◆ **教学建议** ◆

本章内容是动画师需要重点掌握的内容。教师可整体地介绍相关命令、工具,然后通过实际案例对这些工具和命令的用法进行详细示范。因内容较多,已为每个小节提出了教学建议。

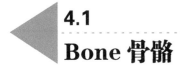

4.1
Bone 骨骼

4.1.1　Bone 骨骼系统基础知识

本节要点:

(1)Bone 骨骼的两种创建方法;(基础)

(2)Bone Editing Tools(骨骼编辑工具)卷展栏的应用,重点掌握 Bone Tools 组的骨骼工具;(重点)

(3)Fin Adjustment Tools(鳍调整工具)卷展栏;(拓展)

(4)Object Properties(对象属性)卷展栏。(了解)

本节教学建议:

本小节是 Bone 骨骼的基础知识,重点掌握 Bone Tools 组的 8 个骨骼工具。建议教学时间为 1 课时,拓展内容自学。

1.创建 Bone 骨骼

Bone 是 3Ds Max 的基本骨骼系统,是一个首尾相接的骨骼层次链,只需使用一个命令即可创建。

创建 Bone 的方法 1:在 ![icon] "创建"面板上,单击 ![icon] "系统"按钮。在 Object Type(对象类型)卷展栏中,单击 "Bone"按钮。(见图 4-1)

创建 Bone 的方法 2: 在菜单 "Animation" 中找到 "Bone Tools" 并打开骨骼编辑工具窗口, 单击"Create Bones"。激活创建骨骼工具后,在平面视图中的任意位置,用鼠标左键单击,就可以开始创建 Bone 骨骼链。单击右键结束创建,会自动生成一个末端关节。(见图 4-2)

注:只能在平面视图中创建 Bone 骨骼,如果在透视图中创建骨骼,将无法控制骨骼的长度和位置。

创建 Bone 骨骼按钮激活后,在右侧的卷展栏区域会增加两个卷展栏。可以使用 Bone Parameters(骨骼参数)卷展栏改变 Bone 骨骼的形态。

图 4-1 创建 Bone

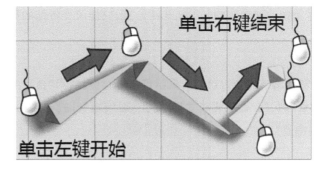

图 4-2 创建一个包含三节骨骼的简单链

Bone Object 组可以改变骨骼的宽度（Width）和高度（Height），也可以改变骨骼关节锥化（Taper）的程度。如果 Taper 是 100%，骨骼的关节末端就是尖角，如果 Taper 是 0，那么关节的顶端和末端一样大，关节会是一个方形。 Bone Fins 组可以设置是否显示骨骼的鳍，以及这些骨骼和鳍的大小形态。通过这些参数可以调整出各种形态的骨骼（见图 4-3）。这些参数都只影响骨骼的外观形态，对骨骼的性能没有任何影响。所以在实际的工作中，除了根据模型的大小、使用宽度和高度调整要创建的骨骼大小外，其他参数一般都是采用默认设置。

创建结束后，可以使用 Name and Color 卷展栏改变 Bone 骨骼的颜色和名称。直接在“Bone001”的输入文本框中输入新的名称，单击后面的色块可以改变颜色（见图 4-4）。

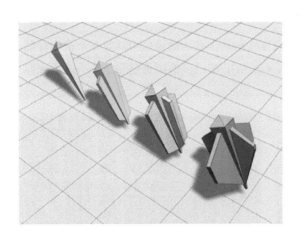

图 4-3 带有各种鳍配置的骨骼

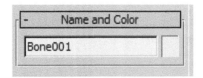

图 4-4 改变骨骼的颜色

2.编辑 Bone 骨骼

骨骼创建完成后，也可以使用 Bone Tools 工具来编辑骨骼。下面一起来学习骨骼编辑器中的常用工具。

1）Bone Edit Tools（骨骼编辑工具）卷展栏

骨骼编辑工具卷展栏下面有 Bone Pivot Position（骨骼轴位置）、Bone Tool（骨骼工具）、Bone Coloring（骨骼着色）三个组。

（1）Bone Pivot Position（骨骼轴位置）组。

如果需要更改骨骼的长度以及骨骼之间的相对位置，需要激活“骨骼编辑模式”，也就是让 Bone Pivot Position（骨骼轴位置）组中的“Bone Edit Mode”按钮黄色高亮，可以在该模式下通过移动其子骨骼来缩放骨骼。例如在编辑模式下将图 4-5 中的第 2 根骨骼往右下方移动，可以改变两根骨骼的长度和相对位置。关闭编辑模式后移

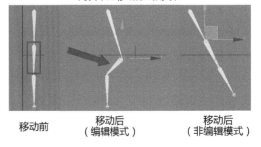

图 4-5 在两种模式下移动骨骼对比

动第 2 根骨骼,就不能改变骨骼的长度及相对位置,只能改变骨骼的整体方向。

注:启用"骨骼编辑模式"后,动画工具不可用,而且当启用"自动关键点"或"设置关键点"时,"骨骼编辑模式"不可用。要编辑骨骼,请禁用"自动关键点/设置关键点"。

图 4-6　Bone Tools 组

(2)Bone Tools(骨骼工具)组(见图 4-6)。

①Create Bones(创建骨骼)。

开始骨骼创建过程。单击此按钮与单击"Create(创建)"→"Systems(系统)"→"Bone IK Chain(骨骼系统)"作用相同。

②Create End(创建末端)。

在当前选中骨骼的末端创建一个末端骨节。如果选中骨骼不是链的末端,那么这个按钮会是灰色不可选状态。

③Remove Bone(移除骨骼)。

移除当前选中骨骼。该骨骼的父骨骼会拉伸以达到移除骨骼的轴点,而移除骨骼的任意子骨骼都会链接到该父骨骼上。(见图 4-7(a))

④Connect Bone(连接骨骼)。

在当前选中骨骼和另一骨骼间创建连接骨骼。单击该按钮后,在活动视口中从第一个选中骨骼上显示一条虚线,将光标移动到另一骨骼上以创建新的连接骨骼(见图 4-8(a))。第一个选中骨骼和第二个选中骨骼之间就会增加一条骨骼(如图 4-8(b))。

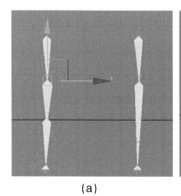
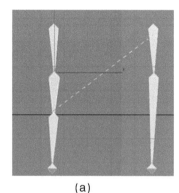
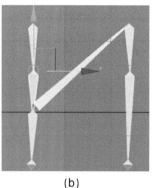

| (a) | (b) | (a) | (b) |

图 4-7　Remove 和 Delete Bone 的区别　　　　图 4-8　连接骨骼

⑤Delete Bone(删除骨骼)。

删除当前选中骨骼,任何含有该骨骼的 IK 链都失效。(见图 4-7(b))

⑥Reassign Root(重指定根)。

使得当前选中骨骼成为骨骼结构的根(父)对象。

如果当前骨骼已经是根,那么单击该选项不起作用。如果当前骨骼是链的末端,那么链完全反转。如果选中骨骼在链的中间,那么链成为一个分支结构。

⑦Refine(优化)。

将骨骼一分为二。单击"Refine",然后在想要分割的地方单击。

⑧Mirror(镜像)。

当单击"镜像"按钮时将打开"骨骼镜像"对话框(见图 4-9)。当该对话框打开时,可以使用该对话框来指定镜像轴、翻转轴和偏移值,并且可以在视口中看到镜像骨骼的预览。单击"OK"以创建骨骼,单击"Cancel"以阻止创建。在 Mirror Axis(镜像轴)中选择将要镜像的骨骼围绕的轴或平面:X / Y / Z or XY/YZ/ZX。在 Bone Axis to Flip(要翻转的骨骼轴)中要避免创建负比例,请选择要翻转的骨骼轴:Y 或 Z。"Offset"设置原始骨骼和镜像骨骼间的距离,使用该选项将镜像骨骼向角色的另一边移动。

(3)Bone Coloring(骨骼着色)组(见图 4-10)。

"Selected Bone Color:(选择骨骼颜色)"后的色块,为选中骨骼的设置颜色。"Gradient Coloring(应用渐变)"根据"Start Color(起点颜色):"和"End Color(终点颜色):"值,将渐变的颜色应用到多个骨骼上。只有在选中两个或多个骨骼时,该选项才可用。"Start Color:"设置渐变的起点颜色,应用于选中链中最高级的父骨骼。而"End Color:"设置渐变的终点颜色,应用于选中链上最后一个子对象。渐变中的中间颜色应用于链中间的骨骼。

2)Object Properties(对象属性)卷展栏

Object Properties(对象属性)卷展栏(见图 4-11)中的各参数设置一般情况下都保持默认状态,所以不作为重点内容掌握,大家了解一下即可。

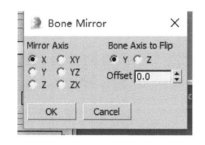

图 4-9　骨骼镜像对话框

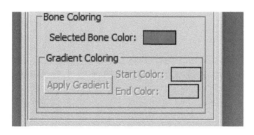

图 4-10　Bone Coloring(骨骼着色)组

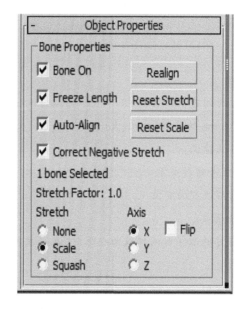

图 4-11　Object Properties(对象属性)卷展栏

(1)Bone On(启用骨骼)。

启用此选项后,选定骨骼或对象将作为骨骼进行操作。禁用该选项后,对象会停止骨骼的行为,不会自动对齐或拉伸,且其余控件处于禁用状态。对于骨骼对象,默认设置为启用;而对于其他种类的对象,默认设置为禁用。

注:此项对有链接关系的其他对象仍有效。启用"Bone On"选项并不会使对象立即对齐或拉伸。然而,子对象未来的变换会造成旋转和拉伸。

如图 4-12 所示,存在链接关系的两个 Box,在"Bone On"勾选的情况下,当子 Box 移动的时候,父 Box 也会旋转,以保持两者始终对齐,且两者之间的相对距离不会改变。

(2)Freeze Length(冻结长度)。

启用此选项后,骨骼将保持其长度。如果禁用此选项,骨骼长度将随着其子级骨骼的平移而变化。默认设置为启用。

注：除非变换应用了"Freeze Length"的对象的子对象,否则启用"Freeze Length"不会产生任何可见效果。

例如,启用第 2 根骨骼的"Freeze Length",移动第 3 根骨骼,不能改变第 2 根骨骼的长度(见图 4–13(a))。如果禁用,移动第 3 根骨骼,可以拉长第 2 根骨骼的长度(见图 4–13(b)),移动第 2 根骨骼不能改变任何骨骼的长度。

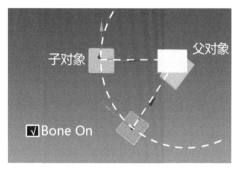

图 4-12　启用 Bone On 移动对象

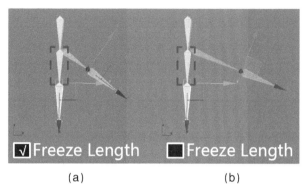

图 4-13　Freeze Length 启用和禁用区别

4.1.2　Bone 骨骼架设

本节要点：

(1)Bone 的创建;

(2)修改 Bone 的名称、颜色、大小;

(3)Bone 的镜像;

(4)制作父子链接关系;

(5)Bone 与模型的对位。

本节教学建议：

本案例练习的教学时间建议为 2 课时,其中教师示范讲解总计不超过 0.5 课时,辅导学生练习时间总计必须保证达到 1 课时。

Bone 骨骼系统的内容虽然不多,但是功能还是非常强大的,既可以使用 Bone 制作简单模型的骨骼搭建,也可以完成复杂生物角色的骨骼搭建(见图 4–14)。但是因为 3Ds Max 已经有了一个更强大、更适合制作角色的 Biped 骨骼系统,所以在工作中一般使用 Bone 来制作角色的道具、配饰等物体的骨骼。本小节以一个简单的球形角色为例(见图 4–15),示范如何应用 Bone 完成角色搭建。

图 4-14　使用骨骼搭建的复杂角色

图 4-15　Bone 骨骼搭建案例

1.分析模型及动作需求

打开文件夹 c4/c4-1-2Bone 骨骼架设案例中的 3Ds Max 文件"c4Bone 骨骼架设案例"。

在骨骼搭建前需要分析该模型的结构及动作需求。这个绵羊造型的模型是一款跑酷游戏中的角色。角色需要的动作有待机、跑、跳跃、左右移动、冲刺等基础动作,还需要胜利、失败、嘲讽等情绪动作。配合角色像小球一样的整体造型,我们在绑定设计上,需要完成的功能及对应的骨骼设计如下:

(1)身体主要部分能完成挤压拉伸的变形,主体部分设计上中下三节骨骼,中间的骨骼为父对象,控制角色的整体移动,上下两根骨骼为子对象,可以完成上下拉伸的作用;

(2)为了使动作更加丰富,头上的灯笼、角以及身后的尾巴都需要单独设置骨骼,并根据结构,链接给主体部分的上骨骼或中间的骨骼;

(3)四条小腿要配合完成跑的动作,所以也需要设计四条骨骼,链接给主体部分下面的骨骼;

(4)为了做出灯笼的摆动效果,灯笼杆应该有多节骨骼。

在分析完这些情况后就可以开始搭建骨骼了。

2.主体部分骨骼的搭建

步骤 1:做好创建骨骼前的准备工作

F 键进入正视图,为了方便观察骨骼,可以按 F3 键切换至网格显示,或者选中模型,然后按"Alt+X"组合键透视显示模型。使用选择过滤工具,切换到"Bone" ≋ Bone ▼ 🔍 ≣ ,使得只能选中骨骼。

步骤 2:创建骨骼并调整骨骼位置

在模型正中间,从下往上创建两节骨骼,删除末端骨骼。为了让骨骼的位置处在模型的绝对对称中心,可以右键单击下方的 X 坐标值后的三角形图标按钮, ⊕ X:0.0m ⬘ Y:-0.0m ⬘ Z:0.268m 将 X 坐标值快速归零(见图 4-16(a))。L 键进入到侧视图,调整骨骼到模型主体的正中心。

步骤 3:修改骨骼名称及颜色并调整骨骼大小

选中 Bone001,在右边的 Name and Color 卷展栏中,将名称改为"all",单击颜色框,在弹出的"Object Color"窗口中选择较深的红色,然后单击"OK"按钮确定。再用同样的方法将 Bone002 改名为"up",颜色改为浅红色。

这时候的骨骼大小与模型比起来,显得过小,不方便制作动画时选择骨骼,所以需要将骨骼的形体调大。在菜单"Animation"中找到"Bone Tools"打开骨骼编辑工具窗口,展开 Fin Adjustment Tools(鳍调整工具)卷展栏。调整 Bone Objects 组中的"Width:"和"Height:"后的数字,选中骨骼"all"直接在这两个参数后面输入"60",将骨骼"up"的两个参数修改为 40。

步骤 4:创建并修改"Down"骨骼

接着创建控制下半身拉伸的骨骼"Down"。切换到 F 视图,从上往下创建。创建的时候,在右侧的 Bone Parameters 卷展栏中,将骨骼的大小改为 0.5 m。然后在窗口中单击创建一根骨骼,并将名称修改为"down",颜色改为黄色。同样将骨骼调整在中心位置。(见图 4-16)

3.创建羊角的骨骼,并与模型对位好

步骤 1:创建骨骼

将骨骼大小改为 0.3,然后依次单击羊角的根部和尾部,创建一根骨骼。然后将骨骼名称改为"cavel_left"。

步骤 2:进入侧视图,调整骨骼的走向

方法是在骨骼编辑工具中激活"Bone Edit Mode",使用移动工具,在顶视图、侧视图中移动其末端关节(见图 4-16),对位好以后可以删掉末端关节。

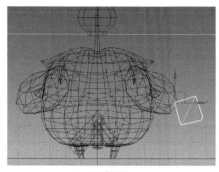

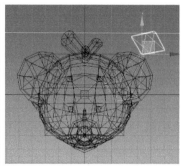

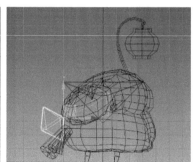

(a)正视图　　　　　　　　　(b)顶视图　　　　　　　　　(c)侧视图

图 4-16　Bone 骨骼摆放位置

步骤3：镜像骨骼

选中骨骼"cavel_left"，然后点击骨骼编辑工具中的"Mirror"，弹出 Bone Mirror 窗口，按 X 轴镜像，并偏移-0.45 m，镜像出的骨骼与模型的另一只羊角对齐，并命名为"cavel_right"。

4.在 L 视图中创建灯笼的骨骼并与模型对位

创建灯笼骨骼，一共有 4 根关节，最终效果如图4-17 所示。创建成功后将骨骼的名称修改为 lantern001、lantern002、lantern003、lantern004。

5.使用上述方法分别创建尾巴和四条腿的骨骼

尾巴需要 3 根骨骼，每根骨骼只需要 1 个关节，因为尾巴模型中间没有布线，即使多设关节数，在做动画的时候也不能做出弯曲效果。创建右边 2 条腿的骨骼，每条腿设 1 个关节，然后使用镜像工具，镜像到右边。如果想让腿的动画效果更丰富细腻，可以设计 2 个关节。

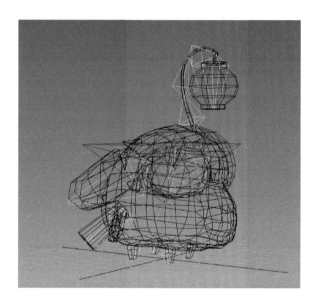

图 4-17　骨骼架构

注：骨骼创建以后一定要修改骨骼名称，便于蒙皮、制作动画的时候识别骨骼。骨骼对位模型的时候一定要从正、侧、顶视图三个视图去调整骨骼与模型的对位，最后还要通过透视图再检查、调整，保证任何角度都没有问题。

6.搭建链接关系

使用链接工具将创建的骨骼链接起来。为了方便做链接操作，可以在显示面板中的"Hide by Category"中"√"上 Geometry(见图 4-18)，这样就可以将模型隐藏，等链接完确认无误后，在将"√"去掉，就可以再次显示模型。

具体链接的父子关系如下。

(1)骨骼"down"链接给骨骼"all"，"down"为子对象，"all"为父对象；操作方法是激活链接工具，先单击"down"，再单击"all"。

(2)骨骼"lantern001"链接给"up"，让其跟随骨骼"up"的移动而移动。

(3)骨骼"cavel_left"和"cavel_right"链接给"all"，因为考虑到羊角质地比较硬，且位置略靠模型中部，在制作挤压拉伸运动的时候，羊角可不用跟随一起运动。

（4）尾巴的骨骼"tail_right"和"tail_left"都分别链接给"tail_middle"，然后再把"tail_middle"链接给"down"。

（5）四条腿的骨骼分别链接给"down"。

骨骼的链接关系制作完毕后，需要移动或旋转这些骨骼，测试是否符合预计的功能需求。但切记，移动后一定要使用"Ctrl+Z"组合键，撤销回初始状态。

7.修改骨骼属性

上下移动骨骼"up"和"down"，发现并不能改变"up"和"down"之间的距离，也不能实现模型的拉伸效果。所以，需要修改骨骼的属性，让它们可以上下移动。方法如下。

选中骨骼，在 Object Properties(对象属性)卷展栏中，将"Bone On"前面的"√"取消，禁用骨骼"up"和"down"的"Bone On"属性。这时候骨骼就可以自由移动了。但因为禁用"Bone On"属性，这时候骨骼就变为模型属性了，隐藏模型的时候也会将"up"和"down"这两根骨骼隐藏。制作完成后的骨骼模型，大家可以参考文件"c4-Bone 骨骼架设案例 – 带骨骼"。

角色的骨骼搭建除了使用 Bone 以外，还可以使用 Biped，本案例中的模型也可以使用 Biped 来完成骨骼搭建。下一节将学习 Biped 骨骼，去了解如何使用 Biped 骨骼完成骨骼搭建。

图 4-18 隐藏模型

4.2

Biped 骨骼

3Ds Max 中的 Character Studio 功能集提供设置 3D 角色动画的专业工具，可用于多腿角色，但主要用于两足动物的绑定。Character Studio 包含 Biped、Physique、群组等三个组件，其中 Biped 是最先进、功能最强大的 Character Studio 组件，它能让动画师能快速而轻松地构建骨骼，然后设置动画。

4.2.1 Biped 骨骼系统基础知识

本节要点：

（1）创建 Biped 骨骼的方法、命名；(基础)

（2）Biped 骨骼的身体结构；(重点)

（3）附件骨骼的应用；(拓展)

（4）Biped 复制粘贴功能简介。(重点)

本节教学建议：

重点部分是动画师在实际工作中使用较多的知识，拓展部分使用较少，作为自习内容学习，不需要在课堂上统一讲授。本节内容建议教学时长为 2 课时。

1.创建 Biped 骨骼的方法、命名

如图 4-19 所示,依次单击创建→系统→"Biped"按钮,就可以直接在视图中拖曳创建一个 Biped 骨骼(见图 4-20)。

图 4-19 创建 Biped 的方法

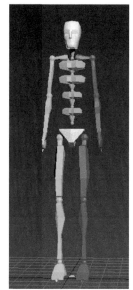

图 4-20 初始状态的 Biped 骨骼

在左边的卷展栏区域,和创建 Bone 骨骼一样,有 Name and Color 卷展栏,可以修改 Biped 骨骼的名称,例如,将"Bip001"该为"kulou"。

再往下是 Create Biped 卷展栏(见图 4-21),这是本小节的重点。

注:Create Biped 卷展栏只在 Biped 创建按钮打开的时候才会出现,也就是要将图 4-19 中的"Biped"按钮点亮成蓝色状态。

1)Creation Method 组

"Create Biped"下的"Creation Method"有两种拖曳方法。第一个"Drag Height"就是利用鼠标在场景中自由拖曳。第二个"Drag Position"就是先设定好身高,鼠标在场景中单击左键,自动出现一个设定好身高的骨架,不需要拖曳。设定身高的位置位于 Body Type 组下方的"Height:",如图 4-21 红色框部分所示。

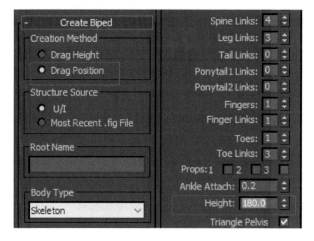

图 4-21 Create Biped 卷展栏

2）Structure Source（创建来源）组

第一种就是默认方法，点第二个就是根据上一个载入的体型文件来创建，可以创建和上一个骨骼一样的骨骼，在实际工作当中一般用默认设置。

3）Root Name（修改名称）栏

这里的修改名称和 Name and Color 卷展栏中的修改名称是有区别的。这里修改名称后，所有的子骨骼名称都会变，但 Name and Color 卷展栏中只修改当前骨骼的名称。

例如再创建一个新的骨骼，默认情况下，根关节（常称为"质心"，也就是盆骨中心的菱形体）的命名是"Bip001"将其修改为"kulou"，下面的所有子关节都跟着改变名称。大家可以按 H 键来观察：第一个骨架只改变了质心骨骼的名称为"kulou"，其他骨骼没有改变仍然是默认的"Biped001……"第二个使用 Root Name 修改名称的骨架，其所有子关节的名称则全部改变了。（见图 4-22）

4）Body Type（躯干类型）组

设定创建出来 Biped 骨骼的躯干类型。单击后面的三角形，打开下拉列表，可以看见有 Skeleton（骨骼）、Male（男性）、Female（女性）、Classic（经典）四种类型。这四种类型的 Biped 体型除了外形区别外，没有其他区别，一般情况下，使用 Skeleton。

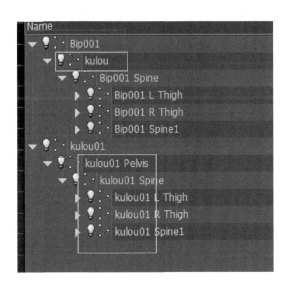

图 4-22　Name and Color 组和 Root Name 栏中修改名称的区别

图 4-23　体型模式打开后的卷展栏

2.Biped 骨骼的身体结构

现在一起来学习，与动画相关的操作基本都会在运动面板中完成，单击 ⊙ 图标就可以显示出来。Biped 卷展栏中有以下四种可用模式（见图 4-23）：

🚶 "体形"模式用于更改 Biped 的骨骼结构，并使 Biped 与模型对齐。

👣 "足迹"模式用于创建和编辑足迹动画。

🧍 "运动流"模式用于创建将运动文件集成到较长动画的脚本。

💀 "混合器"模式用于查看、保存和加载使用运动混合器创建的动画。

本章重点学习"体型"模式，单击 Biped 面板下的小人 🚶，进入体型模式，面板就变短了。

单击最后一个 Structure（结构）卷展栏，此处的"Body Type"和 Create Biped 卷展栏中的"Body Type"一样。接着往下的参数才是动画师经常使用且需要重点掌握的内容。

1）Arms（手臂）

将后面的勾去掉，骨骼就没有手臂了。这适合那些没有手臂的角色。

2）Neck Links（颈部连接）

后面的数字可以调节脖子骨骼的节数，一般情况下人就使用 1 节骨骼，而脖子长一点的，例如马或者长颈鹿等特殊角色可以使用多节骨骼。脖子最多可以有 25 节，这样就可以做蜈蚣或者蛇之类的角色了。

3）Spine Links（脊椎连接）

脊椎一般情况下使用 3 节，如果想要动画更细腻，可以使用稍多一点的骨骼。软件限制的最高数量是 10 节。

4）Leg Links（腿连接）

腿部的节数，正常人是 3 节：大腿、小腿和脚掌。该项最多可以设定为 4 节，在小腿部分就会多出来 1 节，主要是为了做类似于马腿这样的结构而设定的。（见图 4-24）

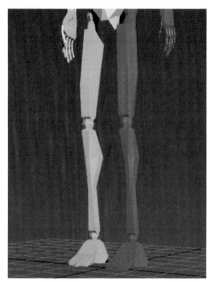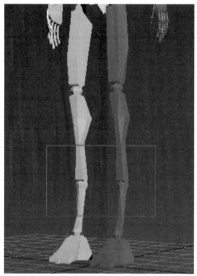

Leg Links:3　　　　　　　　Leg Links:4

图 4-24　Leg Links 为 3 和 4 时的状态

5）Tail Links（尾部连接）

Tail Links 值 0 表明没有尾部，默认设置为 0。和脖子一样最长有 25 节骨骼。

6）Ponytail1 Links /Ponytail2 Links（马尾辫 1/2 连接）

可以在骨骼的头部添加两根马尾辫，这两根骨骼不仅可以用来制作角色头发的动画，而且可以用来制作角色的犄角。

7）Fingers（手指）

Biped 手指的数目。默认设置为 1，范围从 0 到 5。

8）Fingers Links（手指连接）

手指的节数，最多有 4 节，最后 1 节可以做特殊的怪物。

9）Toes（脚趾）

脚趾的数量，最多 5 根，但一般穿鞋子的角色只需要 1 根就够了。

10）Toe Links（脚趾连接）

脚趾一般是 1 节，最多 3 节。

11）Props 1/2/3（小道具 1/2/3）

至多可以打开三个小道具，这些道具可以用来表示附加到 Biped 的工具或武器。默认情况下，道具 1 出现在右手的旁边，道具 2 出现在左手的旁边，道具 3 出现在躯干前面之间的中心。

12）Ankle Attach（踝部附着）

这个在工作中用处不是特别大，用于设置踝部沿着相应足部块的附着点。

13）Height（高度）

当前 Biped 的高度。选择质心对骨骼可以整体缩放，去匹配模型。

14）Triangle Pelvis（三角形骨盆）

通常腿部是连接到 Biped 骨盆对象上的，启用该选项可以创建从大腿到 Biped 最下面一个脊椎对象的连接。这对使用 Physique 蒙皮有影响，对常用的 Skin 蒙皮的意义不大，一般情况下默认即可。

15）Triangle Neck（三角形颈部）

启用此选项后，将锁骨连接到顶部脊椎，而不连接到颈部。默认设置为禁用。

16）ForeFeet（前脚）

让手指由圆形（见图 4-25（b））变为方形（见图 4-25（a）），用于制作动物的前脚掌。但这也仅是从视觉的美观出发，没有其他功能上的实际意义。

17）Knuckles（指节）

将 ForeFeet 禁用后才能启用该项。Knuckles 启用后，手掌部分也会变成一根根的指节（见图 4-26（a）），这个功能主要用于制作游戏中的那些恶魔的手指。

18）Short Thumb（缩短拇指）

启用此选项后，拇指将比其他手指少一个指骨。

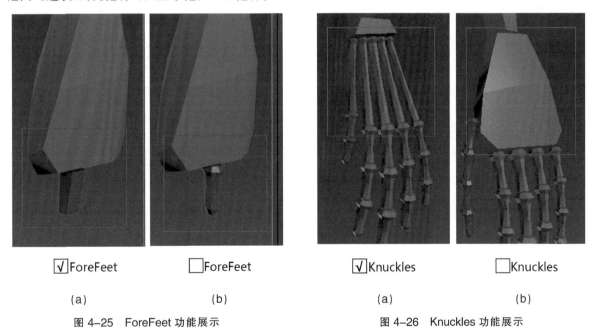

☑ForeFeet   ☐ForeFeet   ☑Knuckles   ☐Knuckles

　　（a）　　　　　　　（b）　　　　　　　（a）　　　　　　　（b）

图 4-25　ForeFeet 功能展示　　　　　图 4-26　Knuckles 功能展示

3.附件骨骼的应用

接着往下看最后一个面板 Xtras 组（见图 4-27）。这个功能让 Biped 骨骼可以实现 Bone 骨骼的一切功能。第一排按钮的功能依次是：新建、删除、镜像、同步选择、选择对称。单击新建按钮，如图 4-27 红色框部分所示，就可以看见下方的框里面出现"Xtra01"。

图 4-27　Xtras 组及其新建按钮

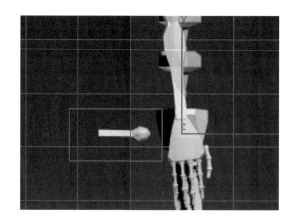

图 4-28　Biped 骨骼的尾巴

应用案例1："Xtra01"作为尾巴

视图中可以看见 Biped 骨骼后面有一根尾巴(见图 4-28)。再看面板的最下方,文本框内写着 Bip001(见图 4-29),这就指定了这根尾巴的根关节是 Bip001。

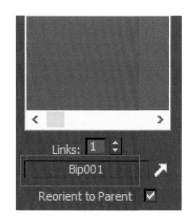

图 4-29　拾取父对象

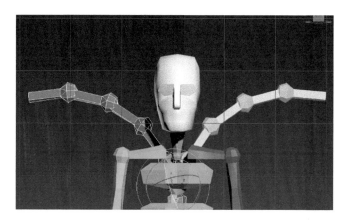

图 4-30　镜像出另一边翅膀

应用案例 2："Xtra01"作为翅膀

当然也可以将父关节改为脊椎,这样就可以制作翅膀的骨骼。激活父对象拾取工具 ↗,然后单击脊椎骨骼,将附加骨骼调整到脊椎上, 这个时候在下面的文本框里面也可以看见根骨骼已经变为第二节脊椎"Biped001 Spine2"。然后将 Links: 5 "Links:"后面的参数改为 5,增加附加骨骼的节数。

再双击附加骨骼的根骨骼,选择整根附加骨骼,旋转选择骨骼将骨骼变弯曲。单击 ✚ 镜像按钮,这个时候就形成了一对翅膀(见图 4-30)。

接着再来看 ▣ 同步选择按钮,启用此选项后,列表中选定的任何 Xtra 尾部将同时在视口中选定,反之亦然。默认是启用状态。

👤 选择对称, 启用此选项后, 选择一个尾部的同时也将选定反面的尾部。再接着往下看最后一行 Reorient to Parent ✔ "Reorient to Parent"(重定位到父对象)默认是启用状态,当更改父物体时,附加骨骼会移动到新的父物体的位置。如果禁用该选项,应用案例 2 中,更改"Xtra01"的父物体为脊椎时,附加骨骼就不会自动移动到脊椎,会仍然在默认位置。

4.Biped 复制粘贴功能

无论是在骨骼架设过程中还是在动画制作过程中,复制粘贴功能的使用频率都非常高,所以各位同学要重点掌握此功能,这个功能在 Copy/Paste 卷展栏中。(见图 4-31)

第一排是"Copy Collections"复制集合,这个功能类似于文件夹的功能,它可以将复制的内容按类别存起来。每一个集合都是独立的,从一个集合切换到另一个集合,面板上的内容会全部更新。

第二排 ✳ 🖿 💾 🗙 ✕ 📄 ,依次是 Create Collection 新建、Load Collections 载入、Save Collection 保存、Delete Collection 删除当前选择、Delete All Collections 删除全部、Max Load Preference Max 加载首选项。

第三排 Posture Pose Track 管理复制粘贴的类型。

Posture 复制粘贴一个部分,只能记录选中的某一个身体部位;pose 复制粘贴一个 pose,无论选中的是身体的哪一个部位,都会将整个身体的动作记录下来。Track 复制粘贴曲线,可以将骨骼在整条时间线上的动作都粘贴到另一个骨骼上。

第四排 📷 🗐 🗐 复制粘贴功能。依次是:Copy 复制、Paste 粘贴、Paste Opposite 镜像粘贴。

复制粘贴操作的步骤:

(1)选中需要复制的对象,单击 ✳ 新建 Col01;

(2)单击 Posture ,复制某一个部分;

(3)选择右边胳膊,单击 📷 ,就已经复制了一个胳膊的动作,观察图 4-31 绿色框里的名称是 RArm01,绿色框下面的窗口也显示右胳膊红色高亮,提示选择的是右胳膊;

(4)单击粘贴或镜像粘贴就可以结束操作了,具体用哪一个按钮根据实际的情况来决定。

再往下看这一排按钮 🔲 🗐 ▫ ,它可以控制上面的缩略图窗口用什么样的方式来显示复制的内容。第一个按钮是"从视图中捕捉快照",让缩略图中显示的内容和当前视图一样。第二个按钮是"自动捕捉快照",让缩略图窗口中的内容永远按照正视图的方式显示。在实际的工作中,习惯于用默认的第二种方式显示。当切换这两个按钮后,视图不会马上改变,需要重新点复制按钮才能更新图像。

再往下是 Paste Options（粘贴选项）组。大家只需要知道, ↔ ↕ ↻ ▫ By Velocity 这里的几个箭头是为了控制质心的操作,所以只有复制了质心的动作时,这个面板才会被激活,在粘贴质心的动作时,必须要把这三个按钮激活,粘贴的动作才会有效。

图 4-31　复制粘贴卷展栏

注:如果你使用的是 09 版的软件,注意一定要在不需要这些复制集的时候将它们清空,否则文件会变得越来越大,最终会影响操作的速度,这也是 09 版的小问题。

4.2.2 Biped 骨骼架设

本节要点：

（1）架设 Biped 骨骼前的模型检查要点；

（2）质心、腿部、脊椎、脖子和头部、手臂的对位规范。

本节教学建议：

Biped 骨骼架设是本章的重点，是三维动画师应具有的基本技能之一，建议教学时长为 4 课时，其中教师示范讲解约 1.5 课时，辅导学生练习约 2.5 课时。

打开 c4/c4-2-2Biped 骨骼架设文件夹中的 3Ds Max 文件"c4-2-2-Biped 骨骼架设案例"。将以一个卡通两足角色为例，示范如何架设骨骼。

注：体型模式架设的时候不能打开自动记录关键帧。

1.架设 Biped 骨骼前的模型检查要点

架设骨骼的第一步是检查模型。因为再尽职的模型团队都可能有出错的时候。为了防止模型出错而影响动画师的效率，动画师在绑定之前仍然需要自己再检查一下模型。检查的要点主要有以下几项。

（1）模型的初始位置是不是在原点。

选中模型观察 X、Y、Z 坐标的值是不是（0,0,0）。如果不是则要调整为坐标原点。

（2）模型的点是否都缝合了。

单击修改面板，进入 Editable Poly—Vertex 模式（见图 4-32），将点全部选中。

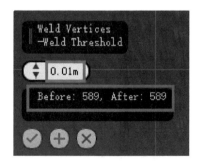

图 4-32　进入点编辑模式　　　　图 4-33　合并工具　　　　图 4-34　设定合并距离

使用 Edit Vertices 卷展栏下的 Weld（合并点）工具，点击面板后面的方块（见图 4-33）。这时可以在视图中看见"合并点工具"，在红色框内输入数字"0.01"，点"√"确定，观察之前和之后的点数，如果没有变化说明模型的点都是缝合好的（见图 4-34）。如果没有缝合的话，在后期蒙皮的时候容易出错。

（3）模型是否已重置。

选中最后一个 Utilities 面板下的 Reset XForm（见图 4-35），然后单击最下面的"Reset Selected"按钮进行重置。回到修改面板，可以看见列表中添加了一个工具"XForm"。单击选中后（见图 4-36），在模型的视图中就会有一个黄色的框（见图 4-37）。

图 4-35　重置模型

图 4-36　XForm 工具

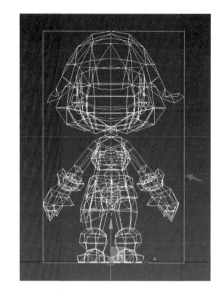

图 4-37　XForm 黄框

再进入 XForm 下的 Center 级别(见图 4-38),在软件最下面的坐标参数位置将其中心全部归零。最后在模型上单击右键选择"Convert to"→"Convert to Editable Poly"。

图 4-38　进入 XForm 下的 Center 级别

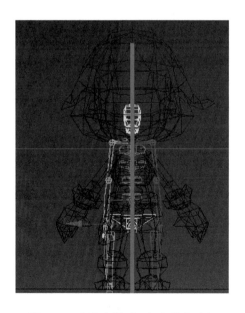

图 4-39　BIP 和模型正视图居中对齐

2.质心架设规范

(1)拖出 Biped 骨骼后,首先打开体型模式。如果打开体型模式前移动了骨骼,在打开体型模式后,骨骼又会回到移动前的位置。所以对位模型和骨骼一定要打开体型模式,也就是激活小人图标。拖出 Biped 骨骼后,可以首先设置骨骼结构,例如脊椎、脖子的节数、手指、脚趾的数量等。

(2)对齐模型的第一步是对质心。只用保证 Bip 骨骼质心在正视图中左右对称(见图 4-39),前后或上下的轴不必在原点。

在对齐骨骼的时候经常容易选中模型,干扰操作。有两个办法可以避免出现这种误操作。

①方法 1:冻结模型。

选中模型,鼠标右键单击模型,找到"Freeze Selection",冻结选中的模型,这样模型就选不中了,当需要重新选中的时候只需要右键单击视图空白处,执行"Unfreeze All"即可解除冻结。如果需要既冻结又透明显示,则可以选中模型,单击右键,选择"Object Properties"。打开"Object Properties"对话窗,找到 See-Through,在前面打上勾,即可透明显示模型。组合快捷键是"Alt+X"。然后再执行冻结命令即可。如果想在冻结模型的同时,仍然显示贴图,可以禁用"Show Frozen in Gray"。

②方法 2:使用选中过滤工具。

图 4-40　隐藏元素按钮

这是一个比较简单的方法,在选择骨骼时过滤掉模型。单击"选择过滤"工具后的三角形 ，在弹出的下拉列表中选择 Bone,那么在选择物体时就只会选中骨骼了。

这里推荐方法 2 来避免选中模型,同时按 F3 在线框模式下显示模型来对齐骨骼。

另外,还常用设置选择组的方法来区分模型和骨骼的选择。具体方法如下。

选中所有模型,在文本输入框中输入"模型"两个字 ，再按回车按钮,这样就会在下拉列表中出现"模型"选择项,单击就可以选择全部模型。选中所有骨骼,执行同样的操作,制作一个 Bip 骨骼选择项,这样就可以通过下拉列表快速选中 Bip 骨骼或者模型。

现在接着来对位骨骼的质心。为了方便大家观察,先隐藏掉外面的裙子。隐藏的方法是:进入到 Editable Poly—Element 模式下,选择要隐藏的元素,这里是裙子,然后点击 Edit Geometry 卷展栏中的"Hide Selected"按钮(见图 4-40)。

当需要重新显示这部分模型的时候,只需要单击旁边的"Unhide All"即可。如果是在元素模式下隐藏的,就必须要回到元素模式下才能显示出来。

质心的位置可以参考 Biped 三角形的盆骨,让盆骨对齐模型胯部的这个三角形区域。对齐后,质心的位置就基本可以确定下来了(见图 4-41)。

3.腿部骨骼架设

1)对位盆骨

使用缩放工具,将该骨骼缩放到合适大小,缩放的时候使用坐标 Local(见图 4-42)。注意正面的缩放会影响腿的位置,所以正面的缩放以骨骼的腿对齐模型的腿为标准(见图 4-43)。

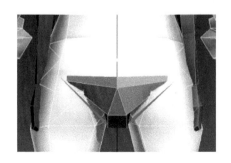

图 4-41　盆骨对齐方式

图 4-42　切换坐标轴

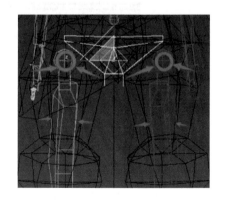

图 4-43　腿部骨骼对齐方式

而侧面缩放的大小不会像正面一样影响到腿部的骨骼位置。所以可以将盆骨侧面放大,超出模型宽度一点,这样在后面做动画的时候容易选中骨骼(见图 4-44)。

2)对位腿部骨骼

用缩放工具将腿部膝盖的位置对齐,然后对齐脚腕关节,最后对齐脚(见图 4-45)。

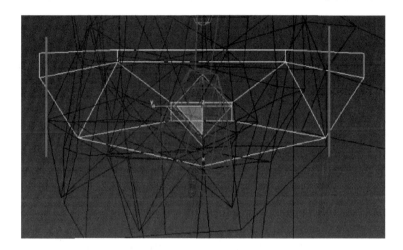

图 4-44　盆骨侧面放大效果

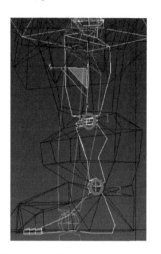

图 4-45　对位腿部骨骼的顺序

一定要对位好了以后再调整骨骼的大小。同样的,要让骨骼的大小超出模型一点位置,这样方便做动画的时候选取模型。

4.脊椎的对位

对位脊椎的时候注意分析模型身体部位的布线,将关节的交汇处置于布线的位置,同时要注意人体的脊椎有一个自然弧度,于是如图 4-46 所示的这个案例只需要使用两节脊椎即可。

5.脖子和头部的对位

脖子和头部是整个骨骼架设中最简单的部分了。脖子的骨骼除了旋转、缩放操作外,还可以移动。这样就可以让 Bip 骨骼匹配各种造型的怪物。本案例只需要将脖子和头进行缩放、旋转,分别让骨骼的头、脖子和模型的头、脖子的大小位置基本对位就可以了。

6.手臂的对位

肩膀是整个手部的父物体,肩膀同样可以移动,移动肩膀的时候,整个手臂是一起移动的。需要将肩膀往下移动一点距离,再适当地旋转、缩放。目的是让肩膀与上臂交接的骨骼位置对准模型上该关节的布线位置(见图 4-47)。

图 4-46　人体的背部曲线结构影响骨骼对位

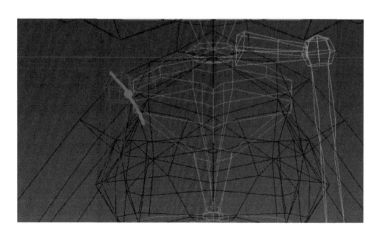

图 4-47　肩膀对位

对准位置后,再在 T 视图中对肩膀的骨骼进行缩放,让骨骼的大小超过模型一些。然后依次摆放上臂、下臂、手、手指。同样是找到模型的关节布线,对准后再进行缩放操作,放大骨骼。

手指的部分,需要根据模型的实际情况来处理,因为这个案例中,角色的手是虎爪的造型,所以可以只要 1 根手指做简单的握拳动作就可以了。当然,如果想做得更细,项目又没有骨骼数量的限制,可以为每个手爪都设置 1 根手指。

注:对位手指骨骼之前一定要计算好指节的数量,设置好了以后再对位。如果对位完成后才发现手指的骨骼节数不对,再重新改变参数,那就会让之前做的手指对位工作全部白费,这样既浪费时间又浪费精力。

对位完后要从各个角度都旋转检查。然后可以用 Bip 骨骼的复制粘贴功能将骨骼搭建完毕。复制手臂的步骤如下:

(1)双击肩膀骨骼,选中包括肩膀在内的整个手臂;在左边的 Copy/Paste 卷展栏中单击创建按钮,创建一个集合;

(2)单击复制按钮,复制整条手臂;

(3)单击"Paste Posture Opposite"粘贴到对面,另一边的手臂就可以自动对位好(见图 4-48)。

运用同样的操作将腿部的骨骼也对位好。将搭建好的主体部分的骨骼拉出来,方便大家观察,与模型的对比效果如图 4-49 所示。

图 4-48　粘贴到对面工具

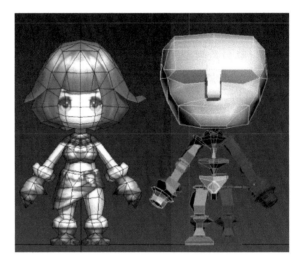

图 4-49　架设好后的骨骼

7.附加骨骼的对位

主体部分的骨骼搭建完成后,我们将隐藏掉的部分元素显示出来,以搭建这部分的骨骼。分析一下当前模型的附件部分,主要有一把武器和一条尾巴。如果要将动画做得细致一些,可以考虑为角色的头发也搭建几根骨骼,以便做出头发飘动的感觉。可以使用 Bone 骨骼也可以使用 Bip 骨骼的附加骨骼来搭建。在本节中,介绍 Bip 骨骼附加骨骼的搭建方法。

1)首先为头发搭建一组附加骨骼

(1)点击"Ponytail 1 Links:"后面的向上的小箭头,或直接在文本框里面输入数字"2",这时在头部骨骼后面就创建出两节骨骼,如图 4-50 所示。

将骨骼移动到模型头部侧面的头发处,并通过旋转缩放等方式将骨骼与头发对位好。因为这个角色的头发是对称的,所以可以用"复制→粘贴到对面"的方法将另一边绿色的骨骼制作出来。首先要将绿色骨骼创建出来,也就是将 Ponytail 2 Links 后面的参数也改为 2,然后直接将蓝色的骨骼镜像到绿色这边来。完成后的最终效果图如图 4-51 所示。

图 4-50　创建出两节骨骼

图 4-51　骨骼与头发对位的最终效果图

如果还需要更多的骨骼来制作头发的动画,但左边的窗口只有两个 Ponytail Links,这个时候该怎么办呢?

(2)使用前一节介绍过的 Xtras 卷展栏里面的功能。

①首先单击"创建"按钮,创建一个新的骨骼 Xtra01(见图 4-52)。

②点击下方的斜向上的箭头,激活指定父骨骼的功能,为这条黄色附加骨骼"Xtra01"重新指定父物体。

③在视图中点击头部骨骼,"Xtra01"就会自动移位到头顶,然后再将"Xtra01"对位到适合的地方,如图 4-53 所示。

图 4-52　创建骨骼 Xtra01

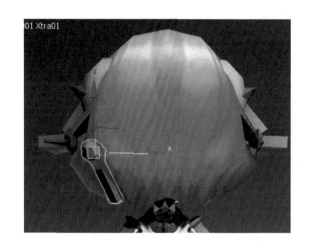

图 4-53　指定附加骨骼的父对象为头部

④单击"Create Opposite Xtra" 创建到对面按钮,创建一根新的骨骼"Xtra01 Opp",如图 4-54 所示。

这时在视图中新的骨骼可能还没有即时显示出来,只要点击一下窗口中的骨骼名称,即可出现新建的骨骼了。视图中之前的黄色骨骼"Xtra01"就变成了蓝、绿两根骨骼了,效果如图 4-55 所示。希望大家可以举一反三,用这种方式制作其他角色的附加骨骼对位。

2)制作尾巴的骨骼

在右边的"Tail Links:"参数窗口直接输入 4。在骨骼的质心位置就会出现 4 节骨骼。然后将这根骨骼对位好,最后效果如图 4-56 所示。

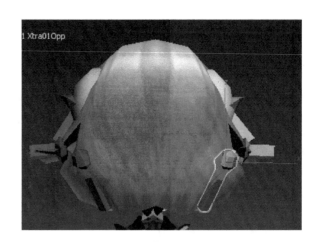

图 4-54　镜像附加骨骼 　　　　　　　　　图 4-55　镜像后的两根附加骨骼

3)架设武器的骨骼

武器的骨骼同样也比较简单,点击 Props 数字后面的方块 Props:1 □ 2 □ 3 □ ,就可以创建骨骼。默认情况下,勾选 1,是绿色边的骨骼,2 是蓝色边,3 是中间,但骨骼最终受哪一边的骨骼控制,并不是由勾选的数字决定的,而是由关键点信息卷展栏中的 Prop 属性组面板(见图 4-57)里面设定的层级关系决定的。这个面板在第 5 章中会详细介绍,有兴趣的读者可以直接跳到这一章查阅。现在勾选数字 1,创建绿色边的武器骨骼,并摆放到适当的位置(见图 4-58)。

到此,骨骼架设就全部结束了,下一步就是蒙皮。

注:调整完骨骼对位后一定要记得关掉体型模式再进行其他的操作。

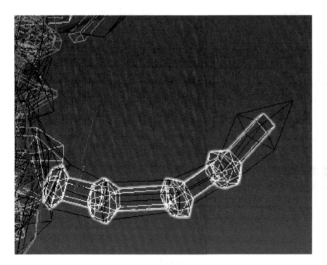

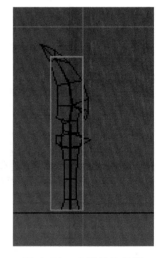

图 4-56　尾巴骨骼的摆放位置 　　　　图 4-57　Prop 面板 　　　　图 4-58　武器骨骼位置

4.2.3 其他角色骨骼架设

动物、昆虫、奇幻生物等角色在游戏和动画中都是很受玩家或观众喜爱的角色,所以它们常常出现在动画作品中。于是,在动画师的工作中,就常常会碰到这些非两足角色的动画制作需求。要完成这类角色的骨骼架设任务,需要从结构出发，了解角色结构后才能做出正确的骨骼架设。

虽然 Biped 创建出来的原始造型是人类骨架的样子，但是使用 Biped 绑定的模型不一定是人类。可以更改其元素和形式，以便创建其他类型的角色。非两足角色的骨骼绑定，同样可以使用 Biped 完成。

1.四足角色骨骼架设

四足角色是动漫作品中最常见的动物类型。为了方便初学者的学习，借助人类的结构来解读四足角色结构图，这也是四足角色骨骼架设的重要原理。（见图 4-59）

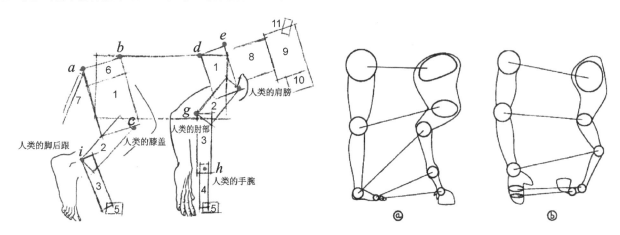

图 4-59　四足角色与人类基本结构对应图

图中各点的解释如下：

ab 这条边代表臀部的后倾斜面；

de 这条边代表肩胛骨的顶部；

c 代表膝盖的位置，与人类的膝盖类似，常常被认为是动物小腿的 3 其实应该是掌骨，类似人的脚掌，所以 i 代表的是人类的脚腕关节的位置；

f 类似于人的肩膀；

g 类似于人的肘部；

h 点是类似于人的手腕关节处，这个位置也常常被大家误认为是动物前脚的膝盖。

h 和 i 是两处比较容易被大家误会的地方，在这里特别纠正一下。此外还有一点也需要提醒大家，就像人类的手掌比脚掌短一样，所有动物的手腕关节比它们脚腕关节距离地面更近，也就是 h 点比 i 点更低，明白并记住这一点让我们更容易准确把握四足角色的结构，因为大部分的趾行哺乳动物都属于这一范畴。

了解四足与两足角色的结构对应关系非常重要，因为立起来的四足角色其实就是两足角色。Biped 完全可以胜任四足角色的绑定，以这只豺狼（见图 4-60）为例，看看 Biped 是如何做到这一点的。

图 4-60　四足角色架设

从图 4-60 中可以看出,这只豺狼就是一个趴下去的 Biped 骨骼,角色的嘴巴、耳朵、尾巴等部分用了 Bone 骨骼进行配合来完成。将 Biped 的脖子设为三节骨骼,脊椎设为一节骨骼。

2.飞禽类角色骨骼架设

不同的鸟有不同的特征,但为了方便初学者学习,抛开这些不同,去发现鸟类结构上的共性,将鸟的结构概括为头部、躯干、尾、翅膀、下肢等几个部分。鸟的翅膀是相当重要的部分,对鸟的动作形态影响最大,同时翅膀常常被借用到其他生物的身体上,应用特别广泛。将鸟的翅膀单独列出来与人类的上肢进行对比,大家就可以快速理解翅膀的结构及运动原理。(见图 4-61)

在"翼人"(见图 4-62)这个游戏角色上,它的翅膀就是人的手臂,所以很自然就对应上了。本案例中,将 Biped 骨骼的手指数量设为 0,然后为翅膀的羽翼添加两节 Bone 骨骼即可制作出翅膀的扇动效果。它的脚爪仍然是 Biped 的脚掌。

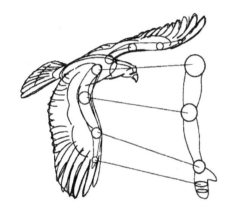

图 4-61 鸟的结构理解图

图 4-62 翼人的模型及骨骼

接着可以查看一下翅膀是如何与其他角色结合的。在"翼虎"这个角色中,就是运用了四足和翅膀的结合,在具体的绑定中,角色的翅膀全部用 Bone 骨骼来完成,具体情况如图 4-63 所示。使用 Bone 骨骼制作翅膀的一个重要原因是,Bone 骨骼的柔软效果可以使用一个插件来快速完成,可以提高动画制作的效率,这个插件在后面的课程内容里会详细介绍。

图 4-63 翼虎的翅膀骨骼架设

3.多足昆虫及浮游生物骨骼架设

多足昆虫及浮游生物的情况比较多,但是这部分也恰恰是最容易的部分,本节就列举两个案例进行说明,这两个案例都用 Biped 骨骼完成,足以见证 Biped 骨骼的神奇之处。

这只多足昆虫(见图 4-64)采用了一个 Biped 骨骼制作它的上半部分身体,像一个坐着的人类,昆虫的肚子和后腿用了 Bone 骨骼来完成。

对于没有脚的浮游类生物,也可以利用 Biped 骨骼和 Bone 骨骼结合来完成骨骼架设。例如这只海马(见图 4-65),上半部分躯干和头用 Biped 完成,而下半身用 Bone 骨骼来完成,头上部分和翅膀都用 Bone 骨骼来完成。

图 4-64　多足昆虫的骨骼架设

图 4-65　浮游生物骨骼架设

4.人马兽骨骼架设

人马兽的骨骼架设就需要两套 Biped 骨骼来完成,在两套 Biped 骨骼配合使用的时候,又可以分为两种情况,可以用直立的、完整的 Biped 骨骼加一套没有上肢部分的爬行状的 Biped 骨骼(见图 4-66(a)),或者是用一套完整的爬行状的 Biped 骨骼配上只有上肢部分的 Biped 骨骼(见图 4-66(b))。本案例中采用的就是后者(见图 4-66(c))。

(a)　　　　　　　　　　(b)　　　　　　　　　　(c)

图 4-66　人马兽骨骼架设分析

4.3
蒙皮

本节要点:

(1)添加 Skin 蒙皮修改器;(重点)

(2)封套工具的用法;(了解)

(3)顶点选项的用法;

(4)权重工具;(重点)

(5)镜像工具;

(6)显示面板高级面板。

本节教学建议:

这个小节的案例非常简单,但是包含的知识和技能点很多,主要以教师讲解示范为主,学生练习为辅。其中示范、讲解需要 3 课时,练习为 1 课时,教师在实际教学中可灵活把握讲授示范和学生自己操作的时间比例。

4.3.1 蒙皮原理

把模型的骨骼搭建好以后,还需要添加蒙皮才能让骨骼驱动模型,旋转或移动骨骼的各部位时,对应部位的模型也会随之变化。如图 4-67 所示,没有完成蒙皮的模型就像一架挂在衣架上的衣服,完成蒙皮后的模型,就是穿在身上的衣服,这件"衣服"就可以跟随骨骼摆出各种姿势。

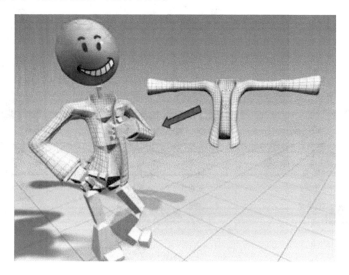

图 4-67 蒙皮原理说明(选自官方帮助文档)

大家可以打开"c4-3-1 蒙皮原理"中的文件"蒙皮原理 _skin"和"蒙皮原理 _mod"来对比一下,蒙皮完后"蒙皮原理 _skin"文件中的角色才能摆出各种动作。

4.3.2　Skin 蒙皮基础知识

1.添加 Skin 蒙皮修改器

官方帮助文档中对"蒙皮修改器"的解释是：一种骨骼变形工具，主要设计用于通过另一个对象对一个对象进行变形来创建角色动画。理解起来比较复杂，说简单一点，其实它就是实现蒙皮的工具。在蒙皮复杂角色之前，我们先蒙皮一个简单的圆柱体。

（1）打开"c4/c4-3-2SKIN 蒙皮基础知识"文件夹中的 3Ds Max 案例文件"圆柱形模型"，已经搭建好 Bone 骨骼，可以直接蒙皮。

（2）打开蒙皮工具。（重点）

①选中圆柱体模型。

②添加 Skin 蒙皮修改器。

单击修改面板，然后单击修改面板的下拉框，打开下拉列表（见图 4-68）。在英文输入状态，按 S 键，在出现的下拉列表中找到"Skin"，然后单击"Skin"，就会在下面的面板里出现"Skin"命令。

③打开蒙皮的编辑状态。

单击"Envelope"，或是下面的 Parameters 卷展栏里的"Edit Envelopes"按钮（见图 4-69），两个效果是一样的。

图 4-68　添加 Skin 蒙皮修改器

图 4-69　激活 Envelope

④添加骨骼。

单击 Parameters 卷展栏中"Bones:"后的"Add"按钮 ![Bones: Add Remove]，弹出"Select Bones"对话框，开始添加骨骼。这个对话框类似于按快捷键 H 出现的选择对话框。

![图标] 这一排是过滤选项，可以过滤不要的物体类型。在这个案例里面，可以看见三根骨骼，但是最后一根骨骼"Bone3"是末端关节，它不需要参与蒙皮，所以不选择"Bone3"，只选择前两节骨骼。选择的方法是按住 Ctrl 或 Shift 键用鼠标点选需要选择的骨骼，然后单击对话框下面的"Select"按钮。这样在"Add"按钮下方的面板中就可以看见刚才选中的骨骼已经添加进来了。

完成添加后，骨骼就可以驱动模型了。退出 Envelope 编辑状态，选择骨骼，然后移动或旋转 Bone1、Bone2，测试效果。大家也可以直接打开本节的教学文件"圆柱形模型_skin01"测试。

注:如果不退出 Envelope 编辑状态,是不可以选中骨骼的。退出的方法是再单击一次"Edit Envelopes"按钮。添加骨骼的时候,如果骨骼被隐藏了,是不能添加成功的。

⑤调整权重。

蒙皮工作很大程度上其实就是合理分配模型顶点的权重值。那么什么是权重呢?权重也就是指模型顶点受骨骼影响的比例。默认情况下,每个点的权重值总数始终为 1.0。在这个案例中,一共有两个骨骼,这些点最多受两个骨骼的影响。如果某一个点 A 对于 Bone1 的顶点权重是 0.8,那么对于 Bone2 的顶点权重就是 0.2。Bone1 的运动对顶点 A 造成的影响将比 Bone2 对顶点 A 所造成影响更大。如果点 A 对于 Bone1 的顶点权重是 1.0,那对于 Bone2 的顶点权重则是 0。这样 Bone1 的运动将对顶点 A 造成绝对影响,Bone2 的运动则无法影响到顶点 A。

本案例中,当选中骨骼 Bone1 的时候,模型的下半部颜色变成了红色,在线框显示的时候,下半部的点也是红色的(见图 4-70)。当旋转 Bone2 时,所有红色的点都在跟随 Bone2 移动,而没有受到 Bone2 影响的点就不会有变化(见图 4-71)。

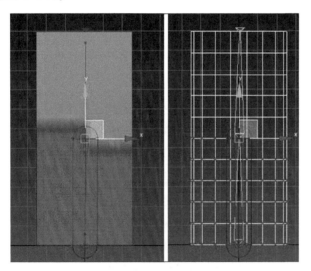

图 4-70　默认权重

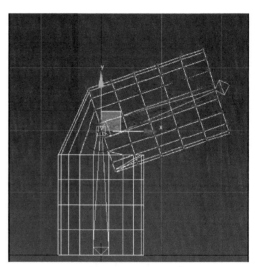

图 4-71　默认权重下的弯曲效果

重新调整权重后,模型上的颜色就呈现出了如图 4-72 所示的这种颜色变化。调整后(见图 4-73(b))与调整前(见图 4-73(a))相比,关节弯曲后的穿插效果没有了,过渡也更自然了。

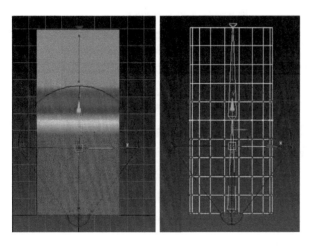

图 4-72　调整后的权重

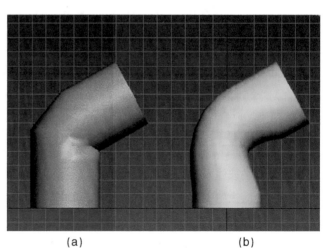

　　　　(a)　　　　　　　　　　　　　(b)

图 4-73　调整前后的弯曲效果对比

这说明颜色与权重有关。受当前骨骼的影响越大,颜色就越红。如果受到的影响值减小,颜色会慢慢地由红色变为橘黄色再变为蓝色,最后不受当前骨骼影响时就没有了颜色。深红色代表的意思就是这些点受当前骨骼的影响度是很大。那么这是如何调整的呢?具体要使用哪些工具呢?要知道这些就需要继续学习下面的内容。

2.封套编辑

再回到 Envelope 编辑状态,分配模型的权重。可以用封套或者点选项,默认状态下,封套模式是打开的。首先介绍封套调整模式,观察到视图中的这个红色的胶囊形的线框就是封套。

1)调整封套长度及方向

封套的内部有一根黄色线,这是骨骼显示的方式。这根线的两端有两个点,选择这两个端点中的某一个端点移动,可以改变封套的长度(见图 4-74(b)),也可以改变封套的方向(见图 4-74(c))。

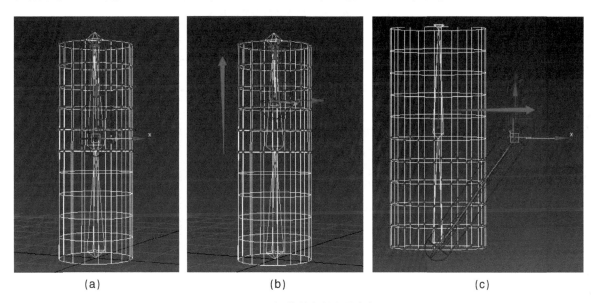

| (a) | (b) | (c) |

图 4-74　调整封套长度及方向

2)封套外围大小调整

封套有两层,选中外围或内围的封套上的点,可以改变封套的影响范围。当调整封套的时候,顶点的颜色和范围都会随着封套的改变而改变。

3)增加封套调节环

如果想要更复杂的封套变化,就需要使用 Cross Sections  组中的两个工具增加或减少封套节点。在游戏动画中,一般不需要这么细致的调整。

Cross Sections→"Add",可以为封套再增加一个调节环。封套默认情况下有上下两个调节环,单击"Add"按钮,然后将光标移动到封套上,当鼠标变成十字形时,单击一下,再增加一个调节环,移动新增的调节环可以改变权重变化的状态。"Remove"和"Add"相反,可以移除掉不需要的调节环。

3.顶点选项的用法

封套工具在大范围地整体调整权重上是很有用的,但是在细致调整顶点的权重时就显得力不从心。很多时候需要对某个或某些顶点进行单独调整,这时就需要使用顶点选项。顶点选项在实际的工作中的帮助非常大,是蒙皮工作中的必用工具。只有在"顶点选项"启用时,模型上的点才能被选中,并能被编辑其权重。

启用顶点选项的位置在 Select 选择组面板中,将 Vertices 前打上"√",这时下面的 Shrink、Grow、Ring、Loop等四个选择工具才会被激活(见图 4-75)。该工具和建模过程中使用到的点选择工具的功能是类似的。

图 4-75　Vertices 打"√"前后的面板区别

1）Shrink 收缩

通过逐步取消选择最外部的顶点来缩小当前顶点选择。如图 4-76（a）所示是单击"Shrink"前，如图 4-76（b）所示是单击一次"Shrink"按钮后，最外面的绿色框处的点，就不再被选中了。如果选择了所有顶点，则没有任何影响。

2）Grow 扩大

通过逐步添加相邻顶点扩大当前顶点选择。要能够扩大选择，请至少先选择一个顶点。效果与 Shrink 相反。

3）Ring 环形

扩大当前顶点选择，以包括平行边中的所有顶点。首先选择两个或更多个相邻顶点（见图 4-77（a）），然后单击"Ring"，效果如图 4-77（b）所示。

4）Loop 循环

扩大当前顶点选择，以包括连续边中的所有顶点。首先选择两个或更多个相邻顶点，然后单击"Loop"，效果如图 4-77（c）所示。

5）Select Element 选择元素

启用后，当选中某一个点，就可以选中这个点所在的整个元素的点。

6）Backface Cull Vertices 背面消隐顶点

启用后，不能选择远离当前视图的顶点（位于几何体的另一侧）。例如，如果勾选上这个选项，当在正视图中框选全部点的时候，背面看不见的点是不会被选中的。

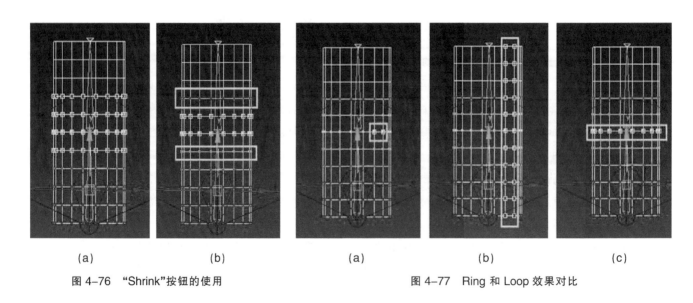

（a）　　　　　　　（b）　　　　　　　（a）　　　　　　　（b）　　　　　　　（c）

图 4-76　"Shrink"按钮的使用　　　　　　　图 4-77　Ring 和 Loop 效果对比

7）Envelopes 封套

如果取消勾选,那么封套中心黄色线条两端的顶点是不能被编辑的。

8）Cross Sections 横截面

如果勾选取消,内外封套上的两个顶点是不能被编辑的,这样封套的横截面就不能被放大或缩小,启用了才能选中并编辑横截面。

4.权重属性组面板

上一节讲解了如何使用选择组的工具选择要编辑的点,这一节要学习如何改变选中顶点的权重值。具体位置在Parameters 参数卷展栏的最下端的 Weight Properties 权重属性组面板中。这个组里主要学习绝对影响、权重工具两个内容。

1）Abs.Effect 绝对影响

在 Weight Properties 权重属性面板中可以观察并改变选中点受当前骨骼的影响比例值。具体位置是"Abs.Effect:"后面的数字框里的数字。单击数字框后面的小三角形可以增加或减少数字,以达到增加或减少权重的效果（见图4-78）。

Rigid（刚性） 使选定顶点仅受一个最具影响力的骨骼影响。勾选后,选中点的值就会被四舍五入,变成绝对的 1 或者 0。例如,当前点的权重值是 0.355,勾选后就会变成 0。如果是 0.8 就会变成 1.0。这适合于僵硬的物体绑定,例如变形金刚、木偶、各种机器等。

Rigid Handles（刚性控制柄） 使选定面片顶点的控制柄仅受一个最具影响力的骨骼影响。

Normalize（规格化） 一般情况下是勾选上的,勾选后会强制每个选定顶点的总权重合计为 1.0。如果去掉勾选,那么这个点受多根骨骼影响的情况下,每根骨骼都可以对它施加超过 1 的影响。

图4-78 Weight Properties

权重属性组

排除选定的顶点 将当前选定的顶点添加到当前骨骼的排除列表中。此排除列表中的任何顶点都不受此骨骼影响。首先选中顶点,再单击该按钮,这些点的颜色会变成无色,不受当前骨骼的影响了。这时无论封套如何改变,这些点都不会跟随封套的变化而变化了。

包含选定顶点 从排除列表中为选定骨骼获取选定顶点。然后,该骨骼将影响这些顶点。可以使排除列表中的顶点重新受到影响,与上一个功能相反。

选定排除的顶点 选择所有从当前骨骼排除的顶点。

烘焙选定顶点 单击以烘焙当前的顶点权重。所烘焙权重不受封套更改的影响,仅受"绝对效果"的影响,或者受"权重表"中权重的影响。

2）权重工具

是本小节内容中最重要的一个工具,在蒙皮的实际工作中是必用工具,要重点掌握。单击后蓝色图标显示 弹开 Weight Tool（权重工具）对话框,该对话框提供了一些控制工具,用于帮助您在选定顶点上指定和混合权重。当有顶点被选中后,工具窗口才能被激活（见图4-79）。

图4-79 权重工具

 和选择组中的工具在功能上是一样的。

就是将选中的点的权重值设定为这些数字。0是不影响，1是绝对影响。

可以在数字框中输入任意值，然后单击"Set Weight"可以将输入的这个值赋给当前选中点。单击微调器"+"或"－"按钮，会以每次0.05的速度，增加或降低当前选中点的权重值。

第四排按钮"缩放权重"，将每个选定顶点的权重值乘以字段值，从而得到一个相对的权重变化值，默认值是0.95。用法和第三排按钮的用法一样。

第五排工具常用的有前面两个 Copy Paste 和最后一个 Blend 。前两个按钮，就是复制和粘贴功能，选中点A，单击"Copy"按钮，再选中点B，单击"Paste"，这样就可以把点A的权重值粘贴给点B。最后一个按钮"Blend"是混合功能，修改所选定的权重值，以平滑它们和其周围顶点之间的变换。当选中某一区域的点的时候，这些点的权重值是有大有小的，单击这个按钮就可以让这些点的权重值逐渐接近平均值，单击的次数越多，这些点的权重值就越接近平均值。

顶点权重值的详细信息可以在"顶点权重列表"（见图4-79最下方）窗口中查看到，这个窗口也是相当重要的，使用频率非常高。

5.Mirror Parameters（镜像参数）卷展栏

正确、快速地完成角色的绑定，是游戏动画师必备的岗位技能之一。在绑定的过程中，耗费时间比较多的就是蒙皮工作。蒙皮工作基本上是一个机械性的重复操作过程，需要有较强的耐心。蒙皮镜像工具可以帮助我们三维动画师减少这种重复性的工作，提高工作效率，所以大家一定要重点掌握好这个工具。如图4-80所示就是Skin蒙皮修改器的镜像参数卷展栏。

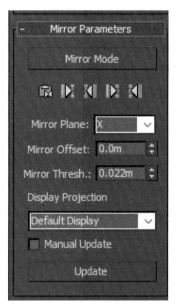

图4-80　镜像参数卷展栏

1）Mirror Mode 镜像模式

启用镜像模式，允许将蒙皮信息从模型的一个侧面镜像到另一个侧面。此模式仅在"封套"子对象层级可用，也就是Envelope打开的情况下才能使用。启用后，可以在视图区看见模型中间有一个橘色的长方形。

这个橘色的长方形就是"镜像平面"，以此确定模型的"左侧"和"右侧"。在启用"镜像模式"时，镜像平面一侧的顶点变为蓝色，而另一侧的顶点变为绿色。只有在这种情况下，蒙皮信息才能被镜像。

如果选择顶点或骨骼，选定顶点或骨骼将变为黄色，模型另一侧上的对应匹配项变为更亮的蓝色或绿色。这能有助于查找匹配项（见图4-81）。

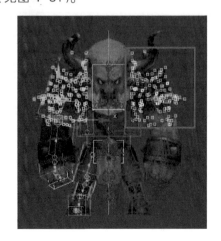

图4-81　选定顶点或骨骼以查找匹配项

2）镜像粘贴工具组

镜像粘贴　将选定封套和顶点指定粘贴到物体的另一侧。可以实现单独的某一个顶点或封套镜像到另一侧，后面的工具都是整体镜像。

"Paste Green to Blue Bones"将绿色粘贴到蓝色骨骼　将封套设置从绿色骨骼粘贴到蓝色骨骼。

"Paste Blue to Green Bones"将蓝色粘贴到绿色骨骼　将封套设置从蓝色骨骼粘贴到绿色骨骼。

"Paste Green to Blue Verts"将绿色粘贴到蓝色顶点　将各个顶点指定从所有绿色顶点粘贴到对应的蓝色顶点。

"Paste Blue to Green Verts"将蓝色粘贴到绿色顶点　将各个顶点指定从所有蓝色顶点粘贴到对应的绿色顶点。

注：当调整完封套后，经常在点调整模式下对某个顶点进行单独调整，这时候，如果镜像"封套"，是不能将这个顶点修改后的信息镜像过去的，所以需要使用镜像顶点工具组进行镜像。

3）Mirror Plane 镜像平面

选择将用于确定左侧和右侧的平面。启用镜像模式时，该平面在视图中显示在模型的轴点处。选定模型的局部轴用作平面的基础。如果选择了多个对象，将使用一个对象的局部轴。默认值为 X。

4）镜像偏移

沿"镜像平面"轴移动镜像平面。有时候模型制作不是很标准，打开镜像模式，镜像平面可能不在模型的正中间，所以需要调整其位置，以便左右镜像蒙皮。

5）镜像阈值

可以控制镜像范围的精确度。数字越低，对模型对称的要求就越高。如果在启用镜像模式时，网格中的部分顶点（镜像平面上顶点以外的顶点）不是蓝色或绿色，可以提高"镜像阈值"的值以包含更大的角色区域，还可以提高此值以补偿不对称模型中的对称不足。

6.Display（显示）卷展栏

这个面板主要用于控制视图中的显示状态，一般情况下，勾选状况如图 4-82 所示。

图 4-82　Display 显示卷展栏

1）Show Colored Vertices 色彩显示顶点权重

根据顶点权重设置视图中的顶点颜色。取消后，选中的顶点就不会有蓝色、橘色、红色等色彩变化。

2）Show Colored Faces 显示有色面

根据面权重设置视口中的面颜色。如图 4-83 所示：左边是勾选后的效果，右边则没有勾选上。

3）Color All Weights 明暗处理所有权重

向封套中的每个骨骼指定一个颜色。只有在 Show Colored Faces 勾选后才会有区别。勾选前后的效果如图 4-84 所示。

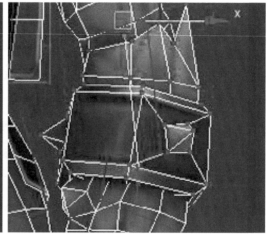

图 4-83 "Show Colored Faces"效果

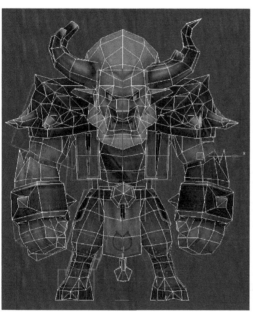

图 4-84 "Color All Weights"效果

4）Show All Envelopes 显示所有封套

勾选后可同时显示所有封套。取消勾选后就只显示选定的封套。要同时显示所有封套还需要取消"Show No Envelopes"前的"√"。

5）Show No Envelopes 不显示封套

即使已选择封套，也不显示封套。因为在调整权重的过程中，封套常常会影响观看，所以在点选择模式下我们一般会把封套隐藏起来。

6）Show Hidden Vertices 显示隐藏的顶点

启用后，将显示隐藏的顶点。否则，这些顶点将保持隐藏状态，直至启用该选项或转到对象的修改器（可编辑网格或可编辑多边形），然后分别单击选择卷展栏或编辑几何体卷展栏上的"全部取消隐藏"。默认设置为禁用状态。

7.Advanced Parameters 高级参数卷展栏

高级参数卷展栏（见图 4-85）在蒙皮中也很重要，但不是每个按钮都需要掌握，现在就将工作中经常使用到的工具介绍给大家。

1）Always Deform（始终变形）

用于编辑骨骼和所控制点之间的变形关系的切换。这个命令可以在有蒙皮的情况下对骨骼进行修改。例如，加上蒙皮后才发现某一根骨骼的位置不对，需要调整，这时如果再移动骨骼的话，模型也会因为蒙皮的关系和骨骼一起移动。但只要将"Always Deform"前面的勾去掉，再移动骨骼，模型就不会跟随骨骼一起动了，等调整完后再启用"Always Deform"就可以了。

2）Ref.Frame（参考帧）

设置骨骼和网格位于参考位置的帧。

通常该帧为第 0 帧。如果第 0 帧为参考帧，则从第 1 帧或以后的帧开始播放动画。

3）Back Transform Vertices（回退变换顶点）

用于将网格（模型）链接到骨骼结构。通常在执行此操作时，任何骨骼移动都会根据需要将网格移动两次，一次随骨骼移动，一次随链接移动。选中此选项可防止在这些情况下网格移动两次。

4）Rigid Vertices（All）［刚性顶点（全部）］

如果启用此选项，则可以有效地将每个顶点指定给其封套影响最大的骨骼，即使为该骨骼指定的权重为 100%。顶点将不具有分布到多个骨骼的权重，蒙皮对象的变形将是刚性的。这主要用于不支持权重点变换的游戏引擎。

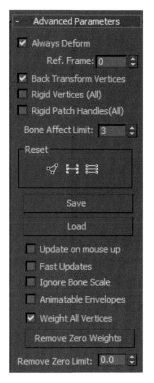

图 4-85　高级参数卷展栏

注：这不会更改指定给多个骨骼的顶点的权重值，因此只需关闭"刚性顶点(全部)"即可返回分布式权重指定。

5）Rigid Patch Handles（All）［刚性面片控制柄（全部）］

在面片模型上，强制面片控制柄权重等于结权重。

6）Bone Affect Limit 骨骼影响限制

限制可影响一个顶点的骨骼数。一般情况，在游戏动画中最多将这个数字设为 3。

7）Reset"重置"组

　重置选定的顶点　将选定顶点的权重重置为封套默认值。手动更改顶点权重后，需要时可使用此控件重置权重。

　重置选定的骨骼　将关联顶点的权重，重新设置成为选定骨骼的封套计算的原始权重。

　重置所有骨骼　将所有顶点的权重，重新设置成为所有骨骼的封套计算的原始权重。

8）Save / Load（保存 / 加载）

用于保存和加载封套位置、形状及顶点权重。如果将保存的文件加载到不同的骨骼系统，可以使用"加载封套"对话框将传入的骨骼与当前骨骼相匹配。

点击"Load"按钮，选择一个封套信息的文件，格式是.env，点击"Open"，弹出对话框。左右两边就是当前蒙皮和载入蒙皮的骨骼名称的对比。最右边的一列按钮可以对面板中的名称排列进行上（Move Up）、下（Move Down）移动或者按名称对齐排列(Match by Name)。

9）Update On mouse up（释放鼠标按钮时更新）

启用后，如果按下鼠标按钮，则不进行更新，释放鼠标时，将进行更新。该选项可以避免不必要的更新，从而使工作流程快速推进。

10)Fast Updates(快速更新)

在不渲染时,禁用权重变形和 Gizmo 的视口显示,并使用刚性变形。

11)Ignore Bone Scale(忽略骨骼比例)

启用此选项可以使蒙皮的网格不受缩放骨骼的影响。默认设置为禁用。

注:要缩放骨骼的长度,首先需要禁用对象属性卷展栏(位于骨骼工具浮动对话框)上的"冻结长度"选项。

12)Animatable Envelope(可设置动画的封套)

启用"自动关键点"时切换在所有可设置动画的封套参数上创建关键点的可能性。默认设置为禁用。这不会影响可设置关键点轨迹设置。

13)Weight All Vertices(权重所有顶点)

启用后,将强制不受封套控制的所有顶点加权到与其最近的骨骼。对手动加权的顶点无效。默认设置为启用。

注:如果要将顶点还原为原始权重值,则单击"重置选定顶点"(在"重置"组中)或打开权重表,并更改选定顶点的修改加权状态。

14)Remove Zero Weights(移除零权重)

如果顶点低于"移除零限制"值,则从其权重中将其去除。这个按钮中的"Zero"并不是绝对的 0,这个值是可以变化的,设定的位置就在下面的"Remove Zero Limit:",这和权重表中介绍过的"Remove Zero Weights"一样。

15)Remove Zero Limit:(移除零限制:)

设置权重阈值,默认设置为 0.0,这就是告诉系统需要移除的值是 0 及以下的骨骼,如果设为 0.2,那么小于 0.2 的骨骼都会被移除。

4.3.3 Skin 蒙皮案例示范

架设骨骼的时候是从质心开始的,也就是从内而外,但是蒙皮的制作步骤却相反,思路一般是从外向内的,也就是从四肢开始。一般情况,从下到上,也就是从脚开始,然后是手,最后调整躯干和头部。调整权重和画画一样,从整体到局部。先用封套整体调整,再用"顶点选项"调整细节。游戏模型一般是简模,点一般都比较少,经验丰富的游戏动画师常常省略掉封套调整模式,根据经验直接调整顶点的值。

在蒙皮的过程中要不停地测试是否正确,所以要让角色做一些动作。可以简单地为骨骼添加一些关键帧,让骨骼做抬腿,抬高手臂,弯曲大腿、手臂、手腕等动作。这个案例已经为大家制作好了骨骼的测试动作,需要观察的时候就直接拖动时间滑条。

因为蒙皮的过程其实是非常简单枯燥的,这种重复性的工作,考验的就是耐心和熟练度。可能初学者一开始完成一个简单蒙皮需要使用一天的时间,但是慢慢熟练后,可能只需要一个小时。所以大家在蒙皮的时候就多一点耐心,慢慢地就能成为蒙皮熟手,蒙得又快又好。在公司里,完成一个蒙皮大约需要两个小时的游戏动画师比较常见。

步骤 1:蒙皮前的模型检查

1)检查模型的位置及大小

(1)在界面的下方检查模型的位置是否在"世界"的中心,X、Y、Z 三个参数是否为 0,如果不是,可以右键单击数字框后面的微调器,或者直接在数字框中输入数字 0,然后按回车键即可。

（2）右键单击缩放工具 ，出现对话框，在如图 4-86 所示的位置检查模型是否被缩放，即图中这些值是否为 100。

图 4-86　检查缩放值是否为初始位置

2）重置模型

（1）选中 Utilities 面板 下的"Reset XForm"，然后单击"Reset Selected"按钮进行重置。回到修改面板，就可以看见下面的列表多出来一个修改器"XForm"。

（2）单击选中"XForm"后，在视图中的模型就会有一个黄色的框，再进入"XForm"下的"Center"级别。

（3）在软件最下面的坐标参数位置将其中心全部归零，让其中心也在"世界"的中心。这样做可以在使用蒙皮镜像的时候，使镜像平面处在模型的中心，而不需要去调整偏移值。

（4）最后再单击鼠标右键选择"Convert To："→"Convert to Editable Poly"转换为 Poly，将重置应用在模型上。

3）检查模型是否缝合完整

（1）进入 Editable Poly—Vertex 模式下，检查模型的点是否缝合。

（2）将点全部选中，使用 Edit Vertices 卷展栏下的"Weld"合并点工具，点击按钮后面的方块，这时可以在视图中看见合并点工具，在红色框内输入数字 0.01，点击确定按钮。

（3）检查道具模型。当执行完 Weld 命令后，可以看见道具上的点数不一样，说明道具没有缝合好，点"√"按钮确定，将点缝合，这样道具的总点数变为 58。

步骤 2：添加蒙皮修改器

1）添加并选中骨骼

（1）选中模型，然后在修改面板中添加 Skin 修改器。

（2）点击"Add "按钮，打开选择窗口，添加架设好的 Biped 骨骼。注意骨骼的质心不添加，也就是 Bip001 不添加进来参与权重分配。每一套 Biped 骨骼都有如 "Bip001RToe0Nub"这样的"帮助体"。在选择骨骼的时候也要将这些"帮助体"排除掉。所以在显示过滤图标上，可以只点亮骨骼显示按钮，其他的都关掉，这样在列表窗口就只会显示骨骼。

然后选择质心外的所有骨骼，点击"Add" 按钮就可以了。选中的方法可以直接点选最上面一根骨骼，然后按住 Shift 键点选最后一根骨骼。这要求把骨骼的层级都展开，如果没有展开，就不能选中没有展开的骨骼。另一种方法就可以避免这种情况，单击选择组后面的">>"符号，出现一个如图 4-87 所示的白色面板，再点击面板上的"Select All" 按钮，就会选中所有的骨骼，然后按住 Ctrl 键，点选质心骨骼，把质心排除在外。最后点击"Select"按钮。这些骨骼的名称就会出现在"Add"按钮下方的窗口中。

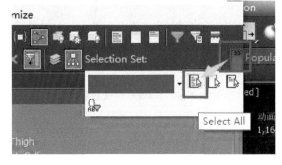

图 4-87　Select All 工具的使用

2)调整封套

打开封套编辑,然后开始从内而外、从上至下的顺序调整。首先从脚开始,这时才发现脚趾骨骼没有对位到脚的模型中来(见图4-88),所以需要先把这根骨骼重新处理一下。

但是现在已经加入了蒙皮,如果移动骨骼的话,模型会跟着一起动。这时就需要用到前面学过的一个功能,在高级参数面板中,将"Always Deform"前的勾去掉,调整完后再启用(见图4-89)。

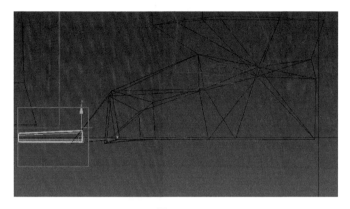

图 4-88　　　　　　　　　　　　　　　　　　图 4-89

将骨骼重新调整完成后,骨骼将以线框的形式显示出来(见图4-90)。以线框形式显示,不影响调整权重时观看顶点权重的分布情况,并且在动画制作的过程中,线框也不影响对角色造型的观看。

线框显示骨骼的方法是:全选骨骼,然后在骨骼上右键单击选择"Object Properties",弹出属性对话框,打开"Display as Box"(见图4-91)。

现在重新回到Skin修改器,打开封套编辑模式,在调整之前需要先将骨骼影响限值调整为3(见图4-92)。

调整封套的原则是封套在哪个位置,就只影响那个位置的权重,本案例基本上就是将封套调小即可。

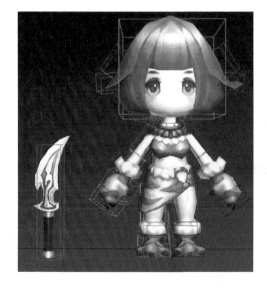

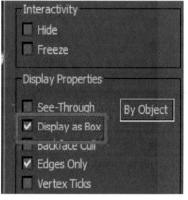

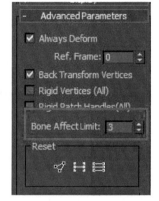

图 4-90　以线框形式显示骨骼　　　图 4-91　线框显示骨骼的方法　　图 4-92　调整骨骼影响限值

步骤3:蒙皮顶点细调

首先打开顶点选项(见图4-93)。在选择顶点的时候,同时隐藏封套(见图4-94)。然后点击权重工具按钮,打开权重工具对话框(见图4-95)。

图 4-93　打开顶点选项

图 4-94　隐藏封套

图 4-95　打开权重工具对话框

1)调整脚掌的顶点

脚趾与脚掌的连接处,可以设为 0.5,连接处靠脚趾以后的顶点都为 1,连接处靠脚后跟以后的一圈点可以设为 0.25 左右的值,让其有衰减的过程。选中脚趾的封套骨骼,也选中脚趾部分的点(见图 4-96),然后在权重工具中,点击数字 1,将这些点的值都改为 1(见图 4-97)。

因为设定的骨骼影响数量限制是 3,所以在权重工具的最下面的列表里我们可以看见,除了"Bip001L Toe0"为 1 外,另外还有软件自动分配的两个骨骼,权重为 0。可以使用"Remove Zero Weights"按钮去除 0 权重,便于系统自动分配(见图 4-98)。

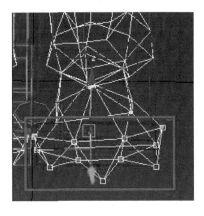

图 4-96　选中脚趾部分的封套骨骼和点

图 4-97　修改权重值

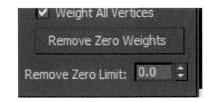

图 4-98　去除 0 权重

再选择脚掌骨骼"Bip001L Foot"把交界处的顶点选中(见图 4-99),将这部分点受骨骼影响的权重设为 0.5。选择的时候可以按选择按钮右下角的三角形图标,将选择模式调整为这种自由勾选模式(见图 4-100),方便选择分布没有规律的点。

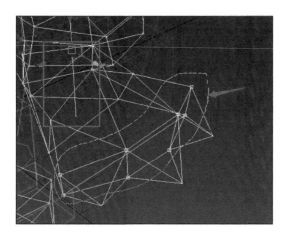

图 4-99　选中交界处的顶点　　　　　　　　图 4-100　将选择模式调整为自由勾选模式

　　然后再点击权重工具中的".5"按钮,这样权重就从"Bip001L Toe0"分出 0.5 给"Bip001L Foot"。然后依次调整脚掌、小腿的顶点。

　　2)调整大腿及盆骨顶点权重

　　因为这个角色穿了一条裙子,在调整大腿根部的权重时,不方便观察或选中顶点,所以可以将裙子隐藏掉。

　　(1)隐藏裙子的模型。

　　①退出蒙皮修改器,点击修改器面板中的"Editable Poly",进入到模型编辑模式,这个时候软件会弹出警告对话框(见图 4-101),直接点击"Yes"按钮。然后点击"Element"或红色的正方体按钮,进入到"Element"元素层级,如图 4-102 所示。

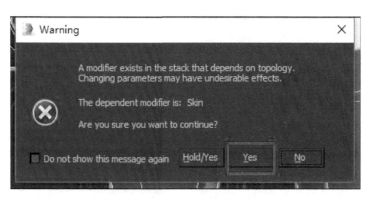

图 4-101　蒙皮后修改模型的提示窗口　　　　图 4-102　进入模型元素层级

　　②选中裙子元素,找到 Edit Geometry 卷展栏下的"Hide Selected"按钮。点击该按钮隐藏裙子,这样就非常方便观察了。需要提醒大家的是,当调整完腿和臀的权重,要显示裙子的时候,也一定要在元素层级下点击显示全部按钮,才能显示出来。调整完后,先退出元素层级。正方体图标周围的黄色高亮已经消失了,需再重新进入 Skin 修改器下的封套编辑模式,调整大腿顶点权重。

　　(2)正式开始调整大腿的顶点权重。

　　调整是为了增加大腿的肉感,形成运动过程中的肌肉带动感,调整后做同样高度的抬腿动作,线分布更加均匀,大腿的变形更加饱满,就像鼓出来的肌肉一般。调整大腿顶点权重前后的对比如图 4-103 所示,调整后,当大腿抬起时,盆骨与大腿的衔接处,应过渡自然(见图 4-104)。

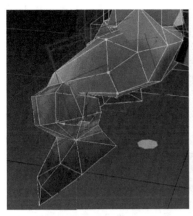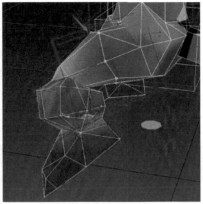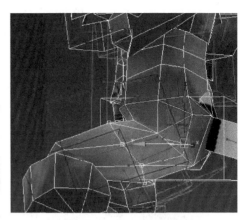

图 4-103　调整大腿顶点权重前后对比　　　　　图 4-104　大腿弯曲时盆骨的变形效果

3)脊椎顶点的权重调节

脊椎调整应从下往上依次调整。当调整胸部的时候发现,角色做 T-pose 伸展运动时,胸部会有拉伸,这说明了胸部的顶点被上肢影响了,但是从逻辑上来讲,这些点是不应该受到上肢影响的,所以需要使用排除工具,将这部分顶点受上肢骨骼影响的权重全部去掉。

(1)选中手掌的骨骼。

除了手掌变成红色以外,胸部也有红色显示,说明胸部受到了手掌的影响。

(2)框选住胸部的顶点。(见图 4-105)

(3)点击排除按钮。(见图 4-106)

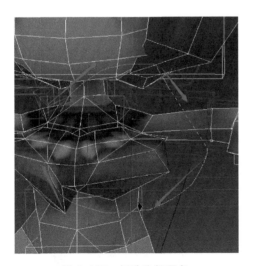

图 4-105　框选胸部顶点　　　　　　　　　图 4-106　排除按钮

注:这里要特殊说明一下,在使用排除按钮的时候,有时候会出现顶点的突然拉伸变形。这时候只需要选中一下其他骨骼,让显示进行更新,问题就会被排除掉。但是如果更新显示后仍然有拉伸,那就要检查其他原因了。

最后处理头部骨骼和附件骨骼。选中头部骨骼,再将脸上的点的权重值调整为 1,让其受头部的绝对控制,然后再单独调整头发的权重。其他部位与脚部蒙皮思路类似。

步骤 4：镜像蒙皮

调整完头发的权重后，模型就基本完成了，这个时候就需要使用镜像工具。打开镜像工具后，大家可以观察一下，中间出现了橘黄色的对称面板，封套的骨骼线也有了蓝色和绿色之分。如图 4-107 所示，左边是蓝色的骨骼线，右边是绿色的骨骼线。

之前一直调整的是右边的蒙皮，所以需要将绿色骨骼线的蒙皮信息镜像到蓝色边去。点击第四个按钮（见图 4-108），将顶点信息镜像到蓝色。注意对称的面板是 X 轴向。镜像成功后，蓝色这边的点就会变成黄色（见图 4-109）。

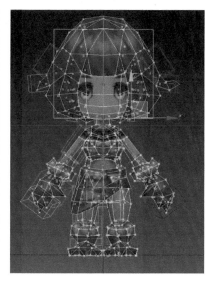

图 4-107　打开镜像模式　　　　图 4-108　点击镜像按钮　　　　图 4-109　镜像成功的显示

然后再整体测试一下蒙皮，对没有镜像成功的部分进行细节调整。例如裙子因为其本身是不对称的，所以镜像后一定是需要单独调整顶点权重的。

4.3.4　蒙皮角色的缩放

在实际的工作中，有时候会碰到角色与场景的大小比例不协调的情况，这时需要调整角色模型的大小以匹配场景。蒙皮完成后的角色调整大小就没有蒙皮前那么简单了。蒙皮后直接通过 Biped 的"Hight"调整身高，模型会被拉变形。打开"c4-3-4SKIN 蒙皮案例 - 缩放"文件，目前 Biped 骨骼的身高是 1.795 m，如果调整到 3 m，模型会变成如图 4-110 所示的样子，所以不能直接通过调整身高的方式改变蒙皮后的角色大小。下面介绍一个特殊工具来改变蒙皮后的模型大小。

步骤 1：添加 SkinUtilities 工具

（1）单击"Utilities"选项卡，在卷展栏中单击"Configure Button Sets"按钮，弹出对话框，找到左边下拉列表中的"SkinUtilities"命令，鼠标左键按住不放往右边的按钮区拖曳，放在按钮上，即可为"SkinUtilities"命令创建一个按钮放在这里（见图 4-111）。单击

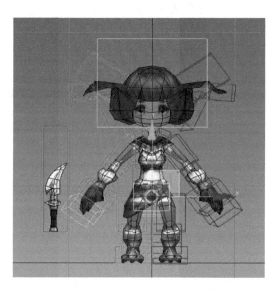

图4-110　通过调整身高的方式改变蒙皮后的角色大小示例

"OK"按钮后,"SkinUtilities"按钮就会出现在"Utilities"卷展栏内。

(2)激活"SkinUtilities"按钮。激活后,下方会出现 Parameters 卷展栏,内有"Extract Skin Data to Mesh"和"Import Skin Data From Mesh"两个按钮。这两个工具的作用是将蒙皮数据存在新建的模型中(见图4-112)。

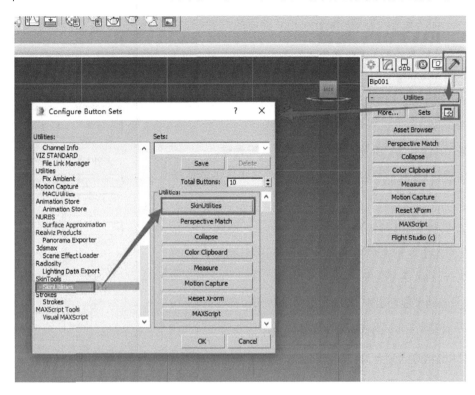

图4-111 "SkinUtilities"按钮

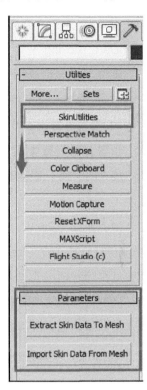

图4-112 蒙皮数据处理工具

步骤2:打开层工具,将模型单独存放在一个层内

点击"层"按钮图标,打开层工具。在下拉列表窗口中选择模型名称"moxing",然后点击"新建层"图标,这样"moxing"就会自动存放在"Layer001"中(见图4-113)。

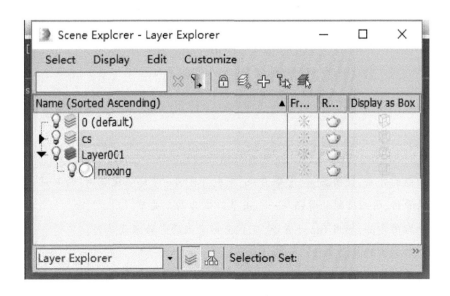

图4-113 层工具面板

步骤 3：提取带有蒙皮信息的模型

在层工具中选中"moxing"，单击"Extract Skin Data to Mesh"按钮，会创建出一个新的带有 Skin 蒙皮信息的模型"SkinData_moxing"，但是这个模型不带有 Skin 修改器。为了方便选择"moxing"，点击"SkinData_moxing"前面的灯图标，将"SkinData_moxing"先隐藏掉。

步骤 4：单独缩放"Bip001"和"moxing"

（1）删除"moxing"的 Skin 修改命令。

（2）然后再将"Bip001"的"Hight"修改为 3 m，将骨骼放大。

步骤 5：同时整体放大模型"moxing"和"SkinData_moxing"，匹配骨骼

放大的时候不能直接放大，需要建立一个父物体，再通过缩放父物体去缩放模型。

（1）单击"Point"按钮（见图 4-114），在场景中单击一次，创建一个点"Point001"，并通过"Size"将点的大小改到适合当前场景的大小。然后将这个点的位置放在"世界中心"，也就是 X、Y、Z 坐标值全部归零。

（2）然后将模型"SkinData_moxing"显示出来，并同时选中"moxing"和"SkinData_moxing"两个模型，使用链接工具 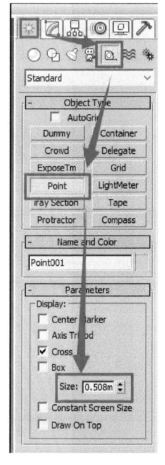，将它们链接给点"Point001"。

（3）选中点"Point001"，将"Point001"放大，再匹配"Bip001"。

步骤 6：将"SkinData_moxing"的蒙皮信息塌陷到"moxing"

图 4-114　创建 Point

（1）为"moxing"添加 Skin 蒙皮。

（2）同时选中模型"moxing"和"SkinData_moxing"，单击"Import Skin Data From Mesh"按钮，弹出"Paste Skin Data"对话框，单击"Match By Name"按钮。因为蒙皮的时候，添加的是同一套 Biped 骨骼，所以全部都能匹配上。

（3）点击"OK"按钮，这样将蒙皮信息就塌陷到了模型上。

将"SkinData_moxing"隐藏，测试放大后的"moxing"的蒙皮效果。

课后练习

（1）临摹书中介绍的方法，使用 Bone 骨骼系统，完成"c4Bone 骨骼架设案例"的架设。并在此基础上，添加模型耳朵、眼睛部位的骨骼，将四条腿的骨骼从一个关节修改为两个关节。

（2）临摹书中介绍的方法，使用 Biped 骨骼，完成全部案例的骨骼架设工作。

（3）完成书中全部案例的蒙皮工作。

要求：以上练习参考附件中的规范执行。

附：绑定制作规范

一、创建骨骼

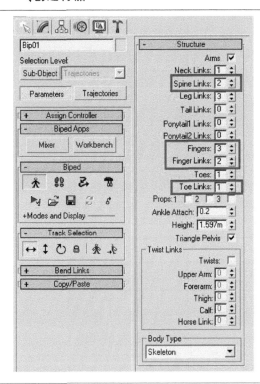

通常角色只需要两段胸骨、三根手指（有一些角色如果没有将食指单独建出来，只需要两根手指即可）、一段脚趾

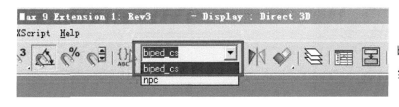

将创建出来的 CS 骨骼命名为 biped_cs，一般这样创建出来的骨骼数约 34 根

bone 骨骼的设计，在满足动画的效果的前提下，要尽量精简

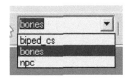

所有 Bone 骨骼的末端是不参与蒙皮的，单独命一个命名合集 bones

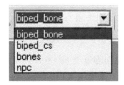

然后，除去末端的所有 Bone 骨骼，命名为 biped_bone

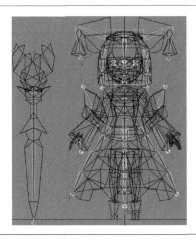

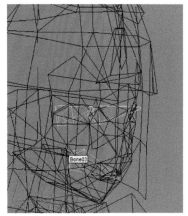

需要制作眼睛、嘴的骨骼，三根即可，用来形成眨眼和张嘴动画

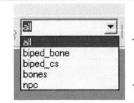

将 bone 链接给相应的 CS 骨骼后，biped_cs 和 biped_bone 这两套有用骨骼给一个总的命名

注意，all 这一套骨骼，是一套链接关系完整的骨骼，只有一个最高父物体，如果是角色的质心，双击质心，应该是能选中所有的骨骼

骨骼创建完成后应该有如下几个命名合集

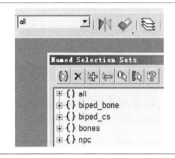

二、蒙皮

采用 skin 蒙皮

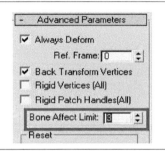

加了蒙皮后这里设置成每一个点最多受三根骨骼控制

三、动作文件命名

格式为：角色编辑 _ 动作输出命名 _ 动作中文命名。例：1003_walk01_ 标准走

四、帧率

24 帧率每秒 一倍速

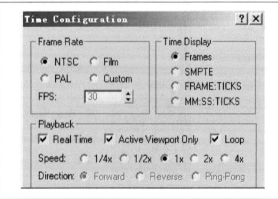

五、动画制作

详见每个角色的动作需求

审核点为：1.骨骼设计；2.蒙皮 + 行走，通过后再开始其他动画制作

第 5 章

操作角色动起来
——Biped 动画技术攻克

CAOZUO JUESE DONG QILAI —— Biped DONGHUA JISHU GONGKE

◆ **本章指导** ◆

　　本章主要内容为 Biped 关键帧动画工具的使用技能,包括质心的应用、不同关键帧的特点及应用、定帧制作、双手武器制作、注视约束制作等。在讲解这几个卷展栏的时候,会举例说明这些工具在动画制作中的应用情况。这几个卷展栏几乎是动画师工作过程中必须使用到的,尤其是 Key Info 关键帧信息卷展栏及 Layers 卷展栏两个小节,大家一定要重点掌握。

◆ **本章要点** ◆

　　Track Selection、Key Info、Keyframing Tools、Layers、Biped Apps 等几个卷展栏的用法。

◆ **教学建议** ◆

　　本章设计的教学课时是 4 个课时,学生课堂练习课时也为 4 课时。学生练习时,教师在课堂上展开教学辅导。要达到熟练掌握本章内容的程度,需要学习者课后做大量练习,请认真完成课后任务。

5.1
Biped 轨迹选择卷展栏

本节要点:

(1)不同颜色的质心关键帧的意义;

(2)快速选中质心的技巧。

　　要让角色动起来,首先要使用的工具就是软件右侧的"Track Selection"也就是轨迹选择卷展栏,如图 5-1 所示。现在本节就通过该卷展栏中的按钮,介绍一下 Biped 质心在时间轴上的应用,帮助大家了解质心不同颜色帧的意义。那么何为质心呢?Biped 的父对象是它的重心,也称为质心,它在 Biped 骨盆中心,显示为一个蓝色的八面体,如图 5-2 所示。

图 5-1　轨迹选择卷展栏的位置

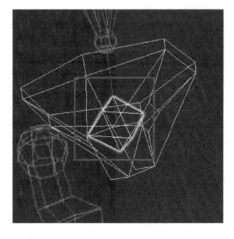

图 5-2　Biped 骨骼的质心

当在 Biped 骨骼质心上记录关键帧的时候,发现时间轴上的帧有不同的颜色,如图 5-3 所示,那么这些不同颜色的帧是怎么产生的呢?又代表着什么意义呢?

将 Track Selection 卷展栏展开观察。

当选中质心,将质心沿水平方向移动的时候,第一个横向的"躯干水平"箭头,就会以黄色高亮显示,如图 5-4 所示。如果打开了自动记录关键帧状态,在时间轴上就会记录一个红色的关键帧。

图 5-3　时间轴上的不同颜色的帧　　　　　　图 5-4　"躯干水平"箭头

如果将质心沿垂直方向移动,第二个纵向的"躯干垂直"箭头就会以黄色高亮显示,垂直方向移动时所记录的关键帧就会是黄色的。

当切换到旋转工具,准备对质心进行选择时,就会自动切换到第三个"躯干旋转"按钮,在这种情况下记录的关键帧就会是绿色的。所以,从记录的关键帧的颜色上就可以判断出当前的质心有哪些方向的动作。

还有一种情况就是激活最后面的"锁定质心关键帧"按钮,也就是小锁按钮,这样就可以同时打开前三个按钮,记录的关键帧就会有三种颜色,如图 5-3 中的第 0 帧所示。

当选中的是 Biped 骨骼的其他身体部位时,如果点击这三个按钮中的任何一个按钮,就可以快速切换回质心选中状态。因为质心在盆骨的里面,不是很方便选择,而这个操作小技巧,可以便于快速选中质心。

对称全选,例如选定左手后,点击这个按钮会同时选中左右手。

选择对称骨骼,例如选定左手后,点击这个按钮会选中右手。

5.2
Biped 关键帧信息卷展栏及其应用

本节要点:

(1)Biped 骨骼各种关键帧的应用技巧;

(2)Biped 骨骼中 TCB 选项卡的详细及应用;

(3)Biped 骨骼中 IK 制作双手武器讲解;

(4)Biped 骨骼中的 Head 选项卡制作注视约束效果;

(5)Biped 骨骼中的 Prop 武器系统详细介绍。

5.2.1　Biped 骨骼各种关键帧的应用技巧

这一小节重点介绍 Key Info(关键帧信息)卷展栏(见图 5-5),并分享一些使用关键帧的动画小经验。关键帧信息卷展栏分成五组:"TCB"、"IK"、"Head(头)"、"Body(躯干)"和"Prop(道具)"。通过单击这些组可以扩展或隐藏对应的每一个组。

Key Info 卷展栏展开后,面板上的第一排工具从左至右依次是"前一个关键帧"、"下一个关键帧"按钮,点击按钮查找选定 Biped 骨骼的下一个或上一个关键帧。字段显示关键帧序号和帧数,从这里可以读出当前关键帧是整个时间轴上的第几个关键帧,并且可以读出当前帧的位置是第几帧。如图 5-6 所示的当前帧是第 12 帧,是第 2 个关键帧。

1.  设置关键帧

用 Biped 骨骼做动画的时候,首先就需要使用"设置关键帧"工具在第 0 帧的位置记录上关键帧。这种帧的记号在时间轴上是黑灰色的,如图 5-6 所示的第 0 帧和第 28 帧,就是最普通的关键帧。

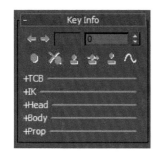
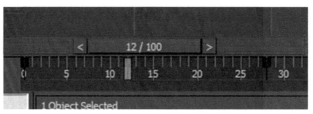

图 5-5　关键帧信息卷展栏　　　　　图 5-6　当前关键帧在 Key Info 卷展栏中的序号和帧数

例如做一个抬脚的动作,首先选中绿脚,并将时间滑条拖到 F0 的位置,点击"设置关键帧"按钮,记录第 1 个关键帧。按快捷键 N 键,打开自动设置关键帧模式,拖动时间滑条到 F10 的位置,再将 Biped 骨骼的绿脚往上移动,即可为绿脚在 F10 创建第 2 个关键帧。然后拖动时间滑条就可以看到 Biped 的运动了。(见图 5-7)

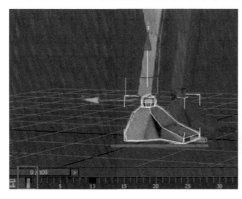
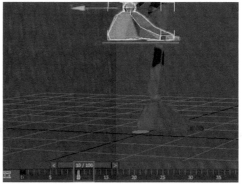

图 5-7　抬脚动作的两个关键帧

2.  删除关键帧

删除选定对象在当前帧的关键帧。

3.  设置踩踏关键帧

当 Biped 骨骼的脚记录上这种帧时,对脚的移动、旋转操作都会无效,脚会永远固定在当前动作。所以,如果要角色的脚在原地站着不动,就可以点击这个按钮,将普通关键帧变成踩踏关键帧。这种帧在时间轴上的颜色会变成橘黄色,如图 5-8 所示的橘黄色的脚踏关键帧。

图 5-8　橘黄色的脚踏关键帧

4. 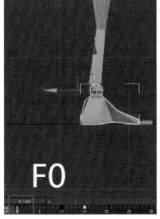 设置滑动关键帧

一般情况下,在做走路动画的时候,希望脚一直处在地面的上面,不会随着质心的移动而移动,所以就会给脚记录上"滑动关键帧"。记录上滑动关键帧后,时间轴上帧的颜色会变成黄色,如图 5-8 所示的第 38 帧。

5.  设置自由关键帧

设置自由关键帧其实和第一个"设置关键帧"按钮记录下来的关键帧是一样的。区别在于,"设置自由关键帧"比"设置关键帧"按钮多一个功能。如果当前帧是滑动关键帧或者踩踏关键帧,点击"设置自由关键帧"按钮可以将其改成普通关键帧,但是点击第一个"设置关键帧"按钮却不能做到这一点。

在实际的动画制作过程中,一般情况下,只有当脚站在地面的时候才会设置为滑动关键帧或者踩踏关键帧,离开地面后都会将帧设为普通帧。

6. 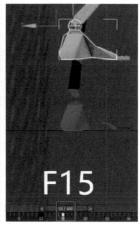 轨迹

显示和隐藏选定 Biped 对象的轨迹。通过打开"轨迹",就可以看见选中的骨骼的运动过程,动画师就可以从轨迹中判断出需要调整的地方。

5.2.2 TCB 选项卡的详细介绍及应用

TCB 图形是一种固定格式的表示,显示的是单个关键帧附近的动画。由于 Biped 的骨骼默认以"四元数"曲线平滑方式连接。两个帧之间的曲线是会自动平滑的。这样很难做出角色的定帧状态(也就是让角色在某一个时间段完全静止不变)。通常情况下,让角色不动是采用复制帧的办法,让两个帧的动作一模一样。例如,将脚的第 1 帧复制到第 10 帧,希望脚在第 1 帧到第 10 帧之间完全不动,但是实际上,播放动画的时候会发现它会有轻微的移动。这个问题经常出现在三维动画制作的实际工作中。解决的办法之一就是调整 TCB 的参数,以达到让骨骼的曲线能完全平直。

第一次提到动作曲线,大家可能没有办法理解,不过不要紧,在"Biped 工作台"这一节会对它有详细的曲线讲解。在这里大家只需要记住,什么样的 TCB 参数可以让两个帧之间的动作完全静止,让角色达到定帧状态就可以了。现在就制作一个简单的动画案例来说明具体怎么设置。

让脚站在地上,把时间滑条拖到 F0,点击  "设置关键帧"按钮,记录第一个关键帧,把时间滑条拖到 F10,用同样的方法记录上第 2 个关键帧。打开自动记录关键帧,把时间滑条拖到 F15,将脚移上去。三个关键帧形态如图 5-9 所示。具体的动画过程大家可以在文件中自己播放观察。可以发现脚在 F0 和 F10 之间本来应该是没有动作变化的,但是现在却有轻微的抖动。

图 5-9 三个关键帧各自的脚部位置

观察 F0 和 F10 两帧的 TCB 面板,各个参数是一样的,白色窗口中的各个点呈抛物线形态均匀分布,如图 5-10 所示的 F0 和 F10 的 TCB 面板对比。

现在认识一下 TCB 面板中的这些参数代表的意思。上面的三排分别代表了当前关键帧骨骼的 X、Y、Z 三个轴向的坐标值。

白色窗口里面的"+"所形成的曲线就是 TCB 曲线。顶端的红色"+"代表关键帧。曲线左右两边的"+"代表关键帧两侧时间的分布。TCB 曲线是关键帧及其左右两边帧的曲线分布情况。

可以试着改变白色窗口下的参数,看看有什么变化。以 F0 为例,大家可以对比一下:

(1)Ease To 缓入,放慢动画曲线接近关键帧时的速度。

Ease To 影响的是 TCB 曲线前半段的形态分布。默认值为 0,默认设置时,不产生额外的减速。当把 Ease To 的值调成最高值 50 的时候,点的分布就会变成如图 5-11 所示,下面稀上面密,这样就表示动画接近关键帧时会减速。

(2)Ease From 缓出,放慢动画曲线离开关键帧时的速度。

Ease From 影响的是 TCB 曲线后半段的形态分布。默认值为 0,默认设置时,不对动画曲线产生更改。在高"缓出"值时,动画启动缓慢,离开关键帧之后开始加速,如图 5-12 所示。

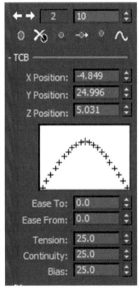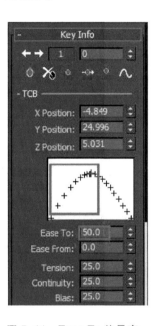

图 5-10　F0 和 F10 的 TCB 面板对比　　　　图 5-11　Ease To 值最高　图 5-12　Ease From 值最
　　　　　　　　　　　　　　　　　　　　　　　　　　时点的分布　　　　　　高时点的分布

(3)Tension 张力,控制动画曲线的曲率。

Tension 默认值为 25,可以生成穿过关键帧的平均曲率,最低值 0 和最高值 50。较小的张力可以生成非常宽的弧形曲线,它也有一个轻微的负缓入和缓出效果。较高的张力可以生成线性曲线,它也有一个轻微的缓入和缓出效果。如图 5-13 所示,显示的是 Tension 为最低值和最高值时的曲线分布。

(4)Continuity 连续性,控制关键帧处曲线的切线属性。

Continuity 默认设置是 25,默认设置可以在关键帧处创建平滑的连续曲线,是产生通过关键帧的平滑动画曲线的唯一值,所有其他值都会在动画曲线中产生非连续性,从而引起动画的突然变化。低连续性值会产生线性动画曲线,不会生成缓入和缓出效果。较高的连续性值可以在关键帧的两侧产生弯曲的泛光化。Continuity 为最低值 0 和最高值 50 的时候点的分布如图 5-14 所示。

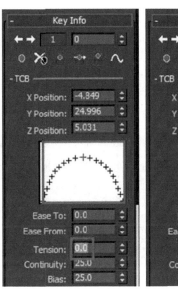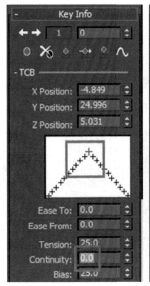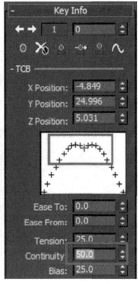

图 5-13　Tension 为最低值和最高值时的曲线分布　　　　图 5-14　Continuity 值为最低和最高时点的分布

较低连续性和较高张力生成的线性曲线类似。所以观察图 5-13,当把 Tension 调为 50 时,和图 5-14 把 Continuity 调为 0 时一样,都是直线三角形分布。但仔细观察,发现这两者仍然有区别,把 Continuity 调为 0 时,三角形上的点是均匀分布的,不带缓入和缓出,而把 Tension 调为 50 时的三角形上的点是不均匀分布的,上面密下面疏,有缓入和缓出效果。

(5)Bias 偏移,控制动画曲线偏离关键帧的方向。

Bias 默认设置为 25,默认设置可以使曲线均匀地分布在关键帧的两侧。较低的偏移会使曲线位于关键帧之前。这会产生一条靠近关键帧的扩大曲线,以及离开关键帧的线性曲线。较高的偏移会使曲线位于关键帧之外。这会生成一条靠近关键帧的线性曲线,以及离开关键帧的扩大曲线。Bias 为 0 和 50 时点的分布如图 5-15 所示。

大家还可以自己组合调整两个不同参数的值,看看白色窗口中"+"的分布有什么变化。在了解了这些参数是如何影响曲线的前提下,我们就可以根据实际需求调整 TCB 的各个参数了。

具体到这个案例中来,F0 中的后半段和 F10 中的前半段(见图 5-16),共同影响了脚在 F0 和 F10 这个时间段

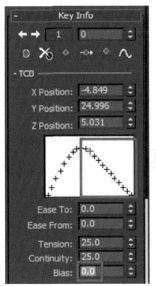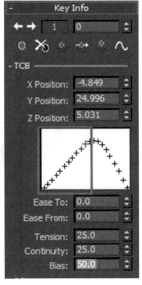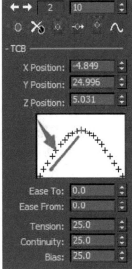

图 5-15　Bias 为 0 和 50 时点的分布　　　　　图 5-16　F0 的后半段与 F10 的前半段

内的运动情况。如果要让 F0 和 F10 之间的动作一直保持不变,就要让这两段都呈直线分布。至于为什么要这样,现在大家还不能理解,但是没关系,大家只需要记住这一点,以后碰到需要制作定帧的情况,都这样照做就可以了。可以将 Continuity 调为 0,让 F0 和 F10 的曲线前后段都呈直线均匀分布。如图 5-17 所示是将 F0 和 F10 的 Continuity 调为 0 的曲线。或者如图 5-18 所示,让 F0 的 Bias 值是 0,让 F10 的 Bias 值是 50。让 F0 的后半段呈直线,让 F10 的前半段呈直线。

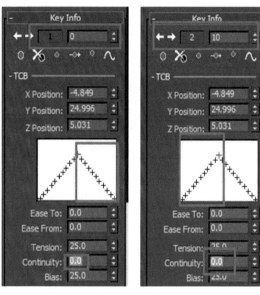

图 5-17　将 F0 和 F10 的 Continuity 调为 0 的曲线　　　图 5-18　将 F0 的 Bias 值调为 0、将 F10 的 Bias 值
　　　　　　　　　　　　　　　　　　　　　　　　　　　　　　　调为 50 时的点的分布

5.2.3　IK 选项卡及其应用

关键帧信息卷展栏中的 IK 选项卡也是非常重要的内容。必须要补充讲解一下 IK 和 FK,也就是反向控制和正向控制。它们的区别就在于,正向动力学下,只能通过父物体带动子物体;而反向动力学下,子物体可以优先移动,并且子物体的移动会影响到父物体的移动。在 FK 模式下,只能通过控制大腿、小腿达到控制脚的目的。

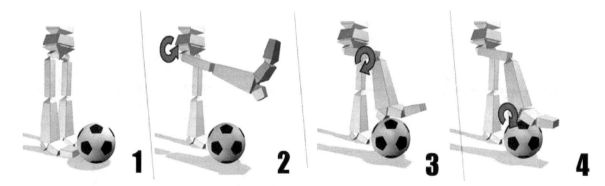

图 5-19　FK 模型下操纵腿部层次 (选自 Max 官方帮助文档)

如图 5-19 所示,要将人体模型的右脚放到旁边的足球顶上,需要执行以下步骤:

(1)旋转右大腿使整条腿位于足球之上;

(2)旋转右胫骨使脚位于足球顶部附近;

(3)旋转右脚使其与球顶平行。

重复步骤 1 到步骤 3 直到脚放置正确。

使用正向运动学可以很好地控制层次中每个对象的确切位置。然而,使用庞大而复杂的层次时,该过程可能会变得很麻烦。在这种情况下,可能需要使用反向运动学,也就是 IK。在 IK 模式下,可以直接拉动脚到足球的顶部附近。

那么回到 IK 面板,在其他参数值不变的情况下,当把 IK Blend(IK 混合)后面的数值改成 1 的时候,时间轴上的关键帧就会从黑灰色变成蓝色,如图 5-20 所示的第 2 个关键帧即为这种情况。选定 Body 躯干模式,IK Blend 为 0 时代表正常的 Biped 空间,即是正向动力学,1 是表示反向动力学。

图 5-20　不同颜色的关键帧

5.2.1 中讲过不同的关键帧在 IK 面板中也体现出了不同参数设置。可以对比一下不同颜色帧下 IK 面板的变化,一共有如图 5-20 所示的四种颜色。这四种情况下的 IK 面板如图 5-21 至图 5-24 所示。

图 5-21　黑色帧的 IK 面板

图 5-22　蓝色帧的 IK 面板

图 5-23　橙色帧的 IK 面板

图 5-24　黄色帧的 IK 面板

然后再对比一下 Body 模式和 Object 模式。在 Object 模式下,脚上会多一个红色的小点,如图 5-25 所示。控制 Biped 的脚围绕这个红色的点为轴进行旋转。当点击"Select Pivot"按钮,激活它的时候(见图 5-26),脚上会出

现多个蓝色的圆点,如图 5-27 所示。点击哪一个蓝色的点,该点就会变成红色。例如点击脚后跟的蓝点,然后关掉"Select Pivot",就会发现红色的点移动到了脚后跟。这样,当旋转脚的时候,脚的旋转轴心就移动到了脚后跟。

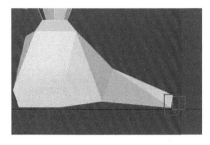

图 5-25　脚上的红点

图 5-26　在 Object 模式下点击 "Select Pivot"按钮

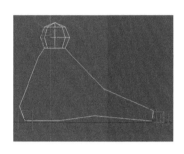

图 5-27　点击"Select Pivot"按钮后脚上出现蓝点

也可以直接点击"Select Pivot"按钮后面的小方块,就会出现如图 5-28 所示的对话框。可以直接点击这些点去选择让脚以哪个点为轴心旋转,具体的大家自己尝试,手上的操作同脚上的操作一样。

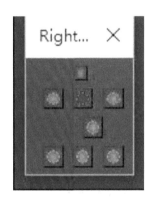

图 5-28　点击"Select Pivot" 按钮后的小方块后出现的对话框

图 5-29　"选定 IK 对象"工具

现在来讲本节中的最后一个工具,"Select IK Object"选定 IK 对象,如图 5-29 所示。在选定 Object(对象)模式,IK Blend 都是 1 的情况下,如果没有指定 IK 对象,则将肢体完全放入世界空间中去。如果指定 IK 对象,则将 Biped 肢体放到选定对象的坐标系空间中,就可以让 Biped 肢体追随这个选定的对象而动。这是非常有用的功能。

例如,在实际的工作中会将这个功能用在双手同时控制武器的情况下。现在,打开"c5-2-双手武器"Max 文件,这个动画前面 8 帧为左手握武器动画,中间从第 8 帧到第 11 帧部分为双手握武器动画,第 11 帧以后又变为左手握武器动画。中间双手握武器部分,制作思路可以是:用左手控制武器,再让武器控制右手,这样就只需要制作左手的动画,实现了右手自动变化,不需要再单独调节右手的动作了。

方法就是选择左手,再点击"Select IK Object"工具,然后点击武器,为左手指定 IK 对象为武器。但是如果要让这种效果展现出来的话,还必须把左手的关键帧改为滑动关键帧。当左手是普通帧或是没有关键帧的时候,这种指定是无效的。如果要取消武器对左手的控制,只用选择左手然后点击"Select IK Object",再点击视图的空白处即可。

5.2.4　Head 选项卡及其应用

Biped 骨骼中的 Head 面板可以用于制作注视约束效果,让头部跟随着一个目标移动。在动画制作的实际工作中,常常用这个面板中的工具制作丢回旋镖、打羽毛球等动作。如角色将回旋镖丢出去,角色的眼睛一直盯着回旋镖的运动;或者打羽毛球,将球丢到空中再击打出去,这个过程眼睛会一直注视着羽毛球。

现在创建一个虚拟体,让头跟着虚拟体动。创建虚拟体的方法,如图 5-30 所示,点击"Dummy"按钮后在场景中拖出一个虚拟体"Dummy001"。

和上一节的拾取 IK 对象工具的使用一样,首先选中角色的头部,然后点开 Head 面板,点击指定工具(见图 5-31),再点击虚拟体"Dummy001"。如果指定成功,就会在前面的框中显示出指定物体的名称,如图 5-32 所示。

图 5-30 创建虚拟体的方法

图 5-31 指定工具

图 5-32 指定后出现物体名称

但是当播放动画效果的时候,虚拟体"Dummy001"的移动并不能带动头部的运动,这时还需要调整 Target Blend 为"1"。但此时的数值框是灰色的,如图 5-33(a)所示红色框标出的位置,并不能改变这个数值。这个时候只需要给头骨骼打上关键帧,这里的数字就可以调整了(见图 5-33(b))。

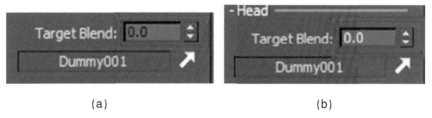

(a)   (b)

图 5-33 左图没有关键帧,右图有关键帧

当 Target Blend 是"0"的时候,头不受虚拟体的控制;当是"1"的时候就完全控制,移动虚拟体的时候,头也会跟着动。如果是中间的其他数字,则是不完全控制状态,具体效果大家可以在软件中尝试观察。

5.2.5 Prop 武器系统详细介绍

Body 面板在实际的工作中几乎用不到,所以就不讲解了。这一节直接讲解 Prop 面板。这个面板常应用于武器系统,当 Biped 骨骼的武器打开后,可以在这里设定武器究竟跟随哪只手做动画。

在默认情况下,打开武器选项 1 时,武器在绿色手的位置出现,打开 2 时,武器从蓝色手出现,打开 3 时武器在角色中间出现。但是这并不意味着武器 1 就受绿手控制,或者武器 2 就受蓝手控制,武器真正受哪个部位控制,实际要看 Prop 面板的设置。

打开武器 1,并选中武器骨骼,点开 Prop 面板。大家可以发现下面的下拉框是不可操作的灰色状态。这是因为在武器上还没有关键帧,给武器打上关键帧后就可以操作了。这里的 Position Space 可以指定当前武器的移动受哪个物体控制,Rotation Space 可以指定当前武器的旋转受哪个部位控制。

可以利用这两个功能来制作武器脱手的效果,例如,角色的武器被打掉了,再倒地死亡;或者角色扔回旋镖,回旋镖会脱手再回来等。武器脱手的那一时间点,给武器打上关键帧,并将 Position Space 和 Rotation Space 指定给 World(见图 5-34)。指定的方法是点击下拉箭头不放,然后选择其中的 World,如图 5-35 所示。需要回到手上的时候,再给武器打上关键帧,并将这两个参数重新指定回手部骨骼。

图 5-34 将 Position Space 和 Rotation Space 指定给 World

图 5-35 将 Position Space 指定给 World 的具体操作

5.3
Biped 关键帧工具卷展栏及其应用

本节要点:

(1)清除轨迹工具;

(2)镜像工具;

(3)"单独 FK 轨迹"组。

这一节会一起学习 Keyframing Tools 卷展栏(见图 5-36),这里有一些工具也是经常使用的。

1. **启用子动画**

2. 操纵子动画

这两个按钮在角色动画中很少使用,了解即可。

3. 清除选定轨迹

从选定对象和轨迹中移除所有关键帧和约束。当调整一个动画的时候,经常会碰到怎么调都不满意的情况。假如现在想将整个手臂的动画重新调,就可以选中手臂骨骼,然后点这个按钮,手臂上的关键帧将被全部删除,无论这些帧有没有在时间轴上显示出来。也就是说,如果当前时间轴只显示了第 1 帧到第 20 帧的动画,但这个动画文件实际有 50 帧,那么时间轴上没有显示出来的,手臂上的第 21 帧到第 50 帧的关键帧也会被删除。

图 5-36 Keyframing Tools 卷展栏

4. ✏ **清除所有动画**

从 Biped 中移除所有关键帧和约束。无论有没有选中这些部位,都会被删除关键帧。

5. 🙌 **定位右臂、左臂、右腿以及左腿**

当激活这四个按钮 🙌 后,移动质心的时候,手和脚都会固定在一个位置,不会随着质心的移动而移动。

提示:定位的另一种方法就是使用关键帧信息卷展栏上的"设置踩踏关键帧"。

"镜像工具组"按钮右下角有一个小三角形,点击小三角形不放,可以弹出两个下拉按钮,如图 5-37 所示。这两个按钮均用于镜像动画,以便 Biped 的右侧可以执行左侧的动作,反之亦然,但它们又略有区别。

6. ⚡ **"Mirror"工具**

该工具会将 Biped 的位置反转 180°,让 Biped 面朝相反的方向。在正视图中观看本书提供的这段动画(见"c5-3 走路动作"文件),如图 5-38 所示,镜像前在正视图中观看动画,角色面向观众走,绿色的手在下面,蓝色的手在上面。点击这个按钮,镜像后在正视图中观看动画,角色就背对着观众走,并且蓝手和绿手的动作也交换了,如图 5-39 所示。

图 5-37　镜像工具组

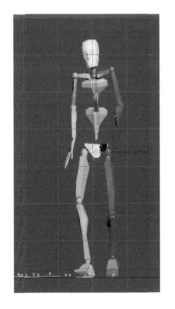

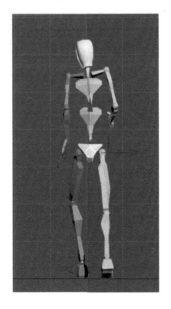

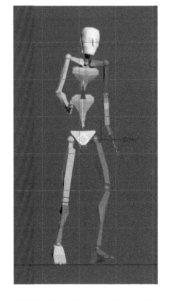

图 5-38　镜像前　　　　图 5-39　Mirror 镜像后　　　　图 5-40　Mirror In Place 后

7. ☀ **"Mirror In Place(适当位置的镜像)"**

使用该工具,Biped 的左右手和脚的动画互相反转,但 Biped 依然面朝同一个方向。如图 5-40 所示,适当位置的镜像后,在正视图中观察动画,Biped 仍然面向观众走过来,质心的运动方向没有变,但是左、右手的动作互相交换了,现在是绿色的手在上面,蓝色的手在下面。

8. ☑ Show All in Track View **在轨迹视图中显示全部**

勾选后可以看到父物体和子物体的曲线,但是如果不勾选,子物体的曲线就看不了,只能在父物体中观察曲线。

例如,勾选后选择上臂或下臂或手都能在曲线编辑器中看到它们的曲线,但是不勾选的话就只能在肩膀上观察曲线。

9."单独 FK 轨迹"组

默认情况下,Character Studio 将手指、手、前臂、上臂关键帧存储在锁骨轨迹中。脚趾、脚和小腿关键帧保存在大腿轨迹中。大部分情况下,关键帧优化存储的方法都很成功。如果需要额外的轨迹,可以打开指定 Biped 身体部位的轨迹。默认情况下 Tail 是打开的,因为做尾巴动画的时候经常会使用到错帧法,去让尾巴有一种自然的力的传动感,这种情况我们在 6.2.1 中会详细介绍。

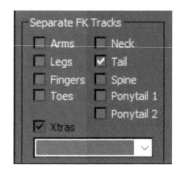

图 5-41 "单独 FK 轨迹"组面板

5.4
Biped 层卷展栏及其应用

本节要点:

(1)Biped 层面板的介绍;

(2)Biped 层的应用;

(3)Biped 层做原地走和向前走相互转换。

Biped 骨骼的层在实际的动画制作中应用得非常广泛,且功能强大,那现在大家就一起来学习一下 Biped 的 Layers(层)卷展栏当中的工具。

第一排的"打开"和"保存"类似于之前讲过的蒙皮信息、骨骼架设等的打开和保存,这里不做详细讲解,我们直接讲下面的按钮。

先打开为本节内容提供的 Max 文件"c5-4 走路动作"。使用层可以轻松调整原来的关键帧数据。例如将当前角色在走路过程中的脊椎调直,只需要新建层,在层里面将脊椎拉直,并打上关键帧。这个过程需要使用到以下工具。

1. 创建新层

只要单击这个按钮就可以创建新层,然后可以在按钮上的文本框中将其重命名为"脊椎拉直",如图 5-43 所示。如果需要多个层的时候,只需要多次单击该按钮即可。

让自动记录关键帧处于打开状态,然后选择脊椎将脊椎拉直一点,就自动为脊椎创建了一个关键帧。这时再播放动画,会发现角色走的时候腰板挺直了,原来的图层显示为红色骨骼,如图 5-44 所示。

虽然现在动画效果改变了,但是原有的 Biped 动画依然保持完好,并且可以切换回原有层查看。这一排上下箭头按钮  就可以在多个层之间切

图 5-42 Biped 的 Layers 卷展栏

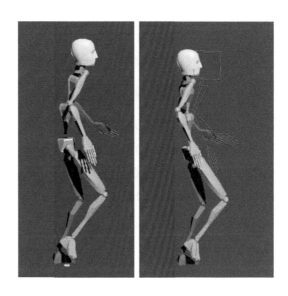

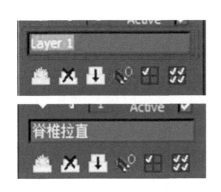

图 5-43　修改层名称　　　　图 5-44　修改前与添加层拉直脊椎后显示效果的对比

换,后面的数字是层的编号。图层行为像自由形式动画,Biped 可以采用任一层。Active 是指这一层是否应用。如果将后面的勾去掉,那么刚才将脊椎拉直的效果就会消失掉,但是它并没有被删除,只是不应用而已。

2. ❎ 删除

将不需要的图层删除掉。

3. ⬇ 合并层

可以单独地查看层,或将所有层合成为一个动画来查看。单击这个按钮就可以将当前层中的动画合并在下一个最低的活动层中,然后删除当前层。

例如,如果层 3 是当前层,层 2 处于非活动状态,则合并层 3 会将其动画数据移动到层 1,然后删除层 3。这个功能类似于 Photoshop 软件里的合并图层功能。这是一次性的,应用后就回不去了,所以大家一定要确定后再使用这个按钮。

4. 捕捉和设置关键点

捕捉选定的 Biped 部位在下一层中的 pose 到当前层上,然后创建关键点。这是一个非常有用的工具。

"层"影响的范围是整个时间轴,而不仅仅是当前时间轴范围。也就是说关键帧无论有没有在时间轴上显示出来,都会被影响。仍然以这个走路动画为例,我们新建层 1,然后在层 1 的第 0 帧将角色的脊椎向前旋转,让角色更驼背。时间滑条拉到 F60 时,脊椎仍然向前弯曲了,但如果希望在第 60 帧角色开始坐下之后的 Biped 脊椎保持层 0 的原始姿势运动,就需要在 F60 上使用"捕捉和设置关键点"按钮。然后将 F0 复制到 F53 的位置,这样可以锁定走路这一段动画。现在角色在第 1 帧到第 53 帧之间的走路动作将会一直保持驼背,但是 F61 坐下去的动作还是保持原有的脊椎弯度。

5. "只激活我"和"激活所有层"

"只激活我"仅在当前层以及层 0 中查看动画。"激活所有层"就全部激活。默认是"激活所有层"。例如上面的捕捉功能,在"激活所有层"模式下,如果有层 3,在层 3 上使用"捕捉和设置关键点"按钮,它会捕捉到层 2 的姿势,而不是层 0 的姿势,除非层 2 的 Active 没有勾选才会捕捉层 0 的姿势。但是在"只激活我"模式下就会直接捕捉原始层 0 的姿势。同样的,在视图中的动画也只能看到层 3 综合了层 0 的动画效果,直接将层 2 的动画效果过滤掉了。

6. 之前可视、之后可视及高亮显示关键点

之前可视,要显示为线型轮廓图的前面的层数量。

之后可视,要显示为线型轮廓图的后面的层数量。

高亮显示关键点,通过突出显示线型轮廓图来显示关键点。

大家可以打开文件"c5-4 走路动作 02",将层面板中的参数设置为如图 5-45 右所示。当前层为层 1,层 1 之前还有层 0,设置 Visible Before 是 1,可以看见之前有一层红色的框架线,显示的是层 0 的姿势,Visible 设置为 3,后面就显示了 3 个桃红色的姿势,是后面的层 2、3、4 的姿势。"Key Highlight"高亮显示勾选后,层 0 上有关键帧的位置,红色框架线会变成白色(见图 5-46)。

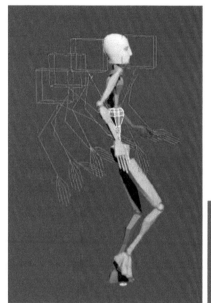

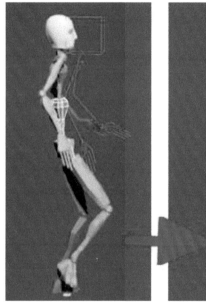
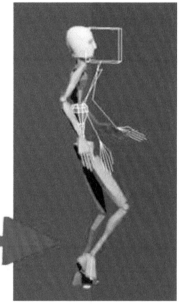

图 5-45　层显示设置效果　　　　　　　　　　图 5-46　"Key Highlight"启用效果

7. "重定位"组

图 5-47 Retargeting 组中的工具可以在层间设置两足动物的动画,同时保持基础层的 IK 约束。例如,在层 1 中只想改动手和脚以外的其他部位,手和脚都保持之前的动作不变,就可以使用这个工具。这里的两只手和两只脚的图标分别代表 Biped 骨骼的蓝手、绿手和蓝脚、绿脚。

先将绿色脚的动画捕捉到层 1 中,具体操作方法是,回到层 0 状态,单击绿脚图标,让绿脚图标处于激活状态,如图 。然后回到层 1,单击"Update"按钮,绿色脚在层 0 中的所有帧都被捕捉到层 1 上了。值得注意的是,如果激活了这个按钮,将不能对绿色脚进行手动修改了。当尝试去动绿色脚的时候,软件就会给出提示。

刚才讲的情况是利用这些工具将基础层中的动画作为重新定位的参考,其实也可以选择使用场景中其他的 Biped,作为 Biped 重新定位手部和足部的参考。其设置方法就在"Retargeting"组上面的选项中,如图 5-47 所示的 "Reference Biped(参考 Biped)",选择此方法,可以将其他 Biped 骨骼的动画作为当前 Biped 骨骼重新定位的参考。单击下方白色箭头,选择"Reference Biped",选择 Biped 作为所选 Biped 重新定位的参考。选定 Biped 的名称将会显示在按钮旁边的方框内。具体的操作方法是:先选中需要重新定位的 Biped2 骨骼,然后单击箭头,再单击参考的对象 Biped1 骨骼,就可以将 Biped1 上的动作参考到 Biped2。

这个按钮可以重新定位参考任何层上的动作。例如,当需要把 Biped1 骨骼原始层 0 上的全部动作重新定位到 Biped2 上时,在单击 Biped1 前,让 Biped1 的当前层为层 0 即可,并且不激活 ![buttons] 这四个按钮中的任何一个按钮。但如果只需要定位某一只手或脚,就需要将相应的按钮打开。

8. ![IK Only] 仅 IK

启用此选项之后,仅在那些受 IK 控制的帧间才重新定位 Biped 受约束的手部和足部。禁用此选项之后,在 IK 和 FK 关键点间都会重新定位手部和足部。默认设置为禁用状态。

> 注:如果当前 Biped 骨骼有多个层,那么这个功能是灰色的不可用状态,只有在两个层的情况下才可以使用。

Biped 骨骼层在工作中的实际应用非常广泛,除了前面举过的例子外,还可以将原地走变为向前走,这就是本节留给大家的作业练习。大家可以选用本教材为大家准备的原地走文件,在这个基础上进行练习。

当然也可以将向前走变成原地走,这里补充讲一下这个方法。首先选择 Biped 骨骼,然后在 Biped 卷展栏下面的"Modes and Display"组中将最后一个按钮"In Place Mode"激活,如图 5-48 所示,这样向前走就变成原地走了。

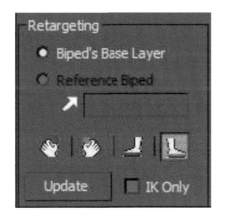

图 5-47　Retargeting 组

图 5-48　向前走变原地走

5.5
Biped 应用程序卷展栏

本节要点:

(1)Mixer 工具的掌握及使用;

(2)Workbench 工具的掌握及使用。

Biped Apps(Biped 应用程序)卷展栏下有两个工具,一个是"Mixer"运动混合器,另一个是"Workbench"工作台(见图 5-49)。

图 5-49　Biped 应用程序卷展栏

图 5-50　Biped 混合器模式

5.5.1　Biped 运动混合器

本节要点：

(1)运动混合器的轨迹层和过渡层的区别及应用；

(2)运动混合器实现多 BIP 的混合。

打开混合器的位置是 Biped Apps 卷展栏里面的"Mixer"按钮,在如图 5-49 所示的红色框标示的位置。必须为 Biped 启用混合器模式才能观看 Biped 的混合运动。启用方式如图 5-50 所示。

在"c5"文件夹中,打开本教材为大家准备的练习文件"c5-5 骨骼 _Tpose"。选中文件中的 Biped 骨骼,打开运动混合器(见图 5-51),就会将一个轨迹组(含一个剪辑轨迹和一个平衡轨迹)指定给该 Biped。

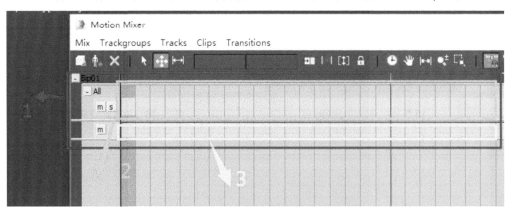

图 5-51　运动混合器面板分区介绍

1—"轨迹"组；　2—剪辑轨迹；　3—平衡轨迹

这些内容将在以下部分详细讨论。

1.运动混合器的轨迹层和过渡层的区别及应用

在轨迹组文件名"Bip01"上右键点击,选择"Add Trackgroup"(见图 5-52),就多出现一条轨迹,然后在第一个轨迹组上单击右键,注意要单击白色区域,选中"Convert to Transition Track"转换成过渡轨迹(见图 5-53)。上面的轨迹组就变成了过渡轨迹,就会比下面的轨迹组更宽一些。

为这两个轨迹各添加两个剪辑,右键→New Clips→From Files...,如图 5-54 所示。

同时添加两个 Bip 文件后(存放 Bip 文件夹的路径为 c5\c5 动作文件),再对比观察,发现它们的区别在于两个 Bip 剪辑的衔接处。上面一个过渡轨迹层会自动添加一个过渡区域,而下面的轨迹则没有添加,如图 5-55 所示。如

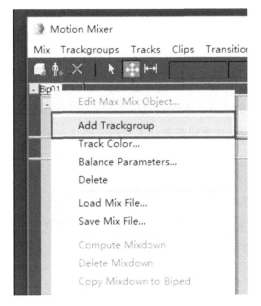

图 5-52　右键添加轨迹组

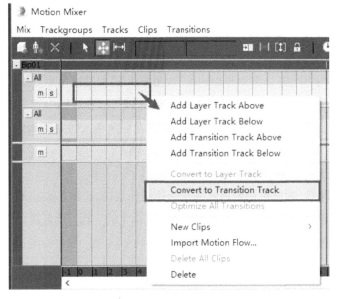

图 5-53　右键转化成过渡轨迹命令

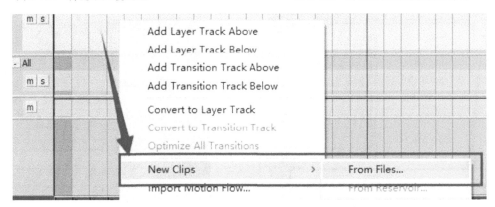

图 5-54　鼠标右键添加剪辑

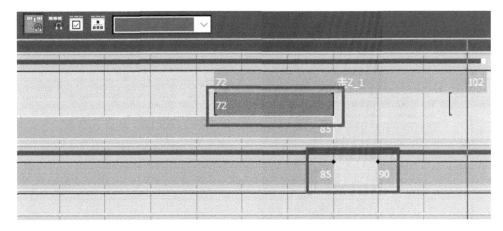

图 5-55　添加剪辑后的对比效果

果将上面的过渡层删掉,就会感觉两个动作直接切换有些僵硬。

2.运动混合器实现多 Bip 的混合

以游戏动画为例,做动画的时候,往往是一个个动作单独制作,例如"走"是一个动画文件,"跑"是一个动画文件,"待机"是一个动画文件⋯⋯但是最后项目可能会要求将这些单独的动画文件合并成一个动画文件。这时不可能再全部重新做一遍,这就需要使用运动混合器。现在就来实际操作一下,将两个不同的动画合并成一个动画。

步骤 1:添加剪辑

打开 c5 文件夹中的文件 "c5-5 骨骼 _Tpose"。用上一节的方法,添加两个 Bip 剪辑到文件 "c5-5 骨骼 _Tpose"中去。本案例添加的是"攻击技能 2"和"跑"两个 Bip 文件(文件路径:c5\c5 动作文件)。

现在添加了两个剪辑,添加完成后,就可以在视图中看见动画。但是这并不代表已经将动作添加进来了,如果关掉混合模式,弹起运动混合按钮,就会发现角色又回到了 Tpose 状态。如果要在关掉混合模式的情况下也可以看见动画,就必须要经过合并处理及塌陷处理。

步骤 2:合并剪辑

注意,右键点击的时候是在轨迹组上点击,也就是点击 Bip 骨骼名称才会出现合并的命令,如图 5-56 所示。点击后出现图 5-57 所示对话框。直接点击"OK"确定,然后在混合编辑器中就会出现如图 5-58 所示的红色框标示出的轨迹。

图 5-56 合并剪辑命令

图 5-57 合并选项窗口

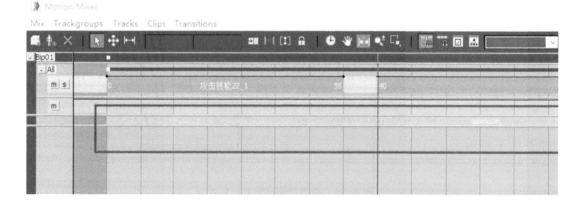

图 5-58 合并剪辑后的轨迹

步骤 3:塌陷

在轨迹组中的骨骼名称上点击右键→Copy Mixdown to Biped(见图 5-59),或者直接在这条"mixdown"轨迹上,右键点击"Copy to Biped"(见图 5-60)。选中骨骼,在时间轴上可以看见关键帧,这才说明骨骼已经真正具备了动作数据。这时就算关掉混合模式,骨骼也不会回到 Tpose 了。合并后的动作效果大家可以打开文件"c5-5 先攻击后跑"进行查看。

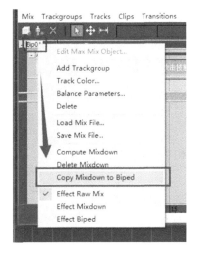

图 5-59　塌陷命令

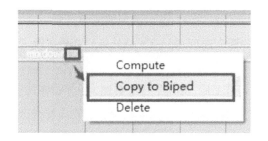

图 5-60　"Copy to Biped"命令

5.5.2　Biped 工作台

本节要点:

(1)Biped 工作台"选项卡"面板的应用;

(2)Biped 工作台工具栏及曲线视图工具栏详解;

(3)Biped 曲线的完全解析;

(4)工作台中如何查看及更改 Biped 曲线。

动画工作台是轨迹视图的定制版本,使用一些标准的轨迹视图控件,并添加了自己的新控件。打开工作台的途径是,选中 Biped 骨骼,在右边的卷展栏中找到 Biped Apps 卷展栏,就在混合器的右边,点击"Workbench"按钮就可以弹出窗口。弹出窗口后,可以看见工作台界面(见图 5-61)。

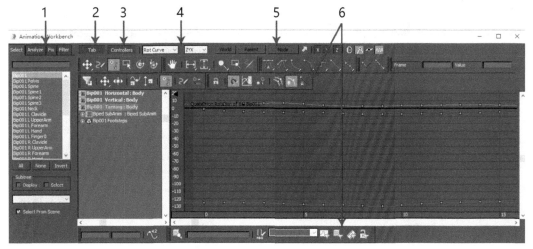

图 5-61　工作台界面图

1—"选项卡"面板(选择、分析、修复和过滤);2—"显示选项卡"面板;3—显示控制器列表;4—工作台工具栏;

5—曲线视图;6—"曲线视图"工具栏(与"轨迹视图"工具栏一样)

1.Biped 工作台"选项卡"面板的应用

"选项卡"面板共包括选择、分析、修复和过滤四个选项卡。第一个就是选择面板，它是要重点学习的面板。

第一个"Select（选择）"面板，选中后在下面的窗口就出现了当前 Biped 骨骼的所有骨骼的名称列表，选中这些列表中的名称就可以在右边的区域显示出选中骨骼的曲线。

点击下面的"All"按钮可以将骨骼全部选中，"None"取消全部选择，"Invert"反选，取消当前选中的骨骼并将当前没有选中的骨骼选中。

"Subtree"组中的两个选项，第一个"Display"勾选上后，列表会呈树状结构，如图5-62 所示。

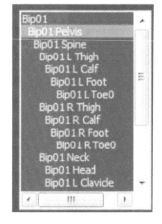

图 5-62 树状结构列表

第二个"Select"勾选上后，当选中一个骨骼，会自动将其子物体都选中，如当点击"Bip01 R Thigh"这个骨骼的时候，它下面的所有子物体都被选中了，如图5-63 所示。

勾选上下面的"Select From Scene"后就可以从场景中去选中骨骼，如果取消勾选，在场景窗口中就不能选择骨骼，必须到这个选择选项卡的列表中选择。

第二个"分析"面板、第三个"修复"面板及第四个"过滤"面板在游戏动画制作的过程中比较少使用到，这里就不详细介绍了，有兴趣的同学可以查阅本书的推荐资料。

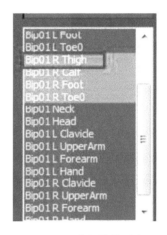

图 5-63 普通结构列表

2.Biped 工作台工具栏及曲线视图工具栏详解

工作台中的工具很多，但是其实经常用的不多，这些不常用的工具可以不用掌握，只需掌握以下几个常用的工具。

"Tab"按钮，这是工作台最左边"选项卡"面板的开关（见图5-64），可以将"选项卡"面板打开或者隐藏。"Controllers"按钮的功能是对如图5-65 所示的红色方框的"控制器列表"部分进行显示或隐藏。

图 5-64 "Tab"按钮

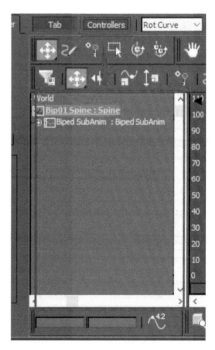

图 5-65 "Controllers"按钮

使用"Controllers"按钮右边的下拉按钮(见图 5–66)的频率比较高,它能用于切换曲线类型。这些曲线包括:Rot 开头的代表旋转的旋转曲线,旋转速度、旋转加速以及急速旋转曲线;Pos 开头的表示位置的姿势曲线,姿势速度、姿势加速度以及姿势急速曲线。最常用的是 Rot Curve 旋转曲线及 Pos Curve 位移曲线。

"ZYX"是轴顺序下拉菜单,用于选择计算旋转曲线的顺序。此顺序遵循与 Quaternion/Euler 卷展栏上 Euler 轴顺序相同的规则。一般情况默认即可。

X、Y、Z 三个按钮(见图 5–67)分别控制三个轴向的曲线是否在曲线图中显示。有时候曲线图比较复杂,为了避免干扰视线,可以隐藏不需要调整的轴向曲线。

Show Layered Edit 显示分层编辑工具(见图 5–68)可以对曲线进行整体的调整。当其激活后,将显示用于在某一范围内沿曲线调整关键点集的图形工具(见图 5–69 中红色箭头所指的黄色曲线),可以对这个区间的所有关键点进行整体调整。

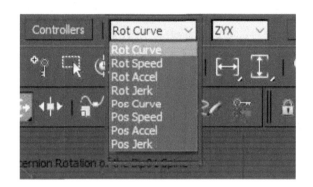

图 5–66　曲线类型切换工具

图 5–67　X、Y、Z 曲线显示按钮

图 5–68　分层编辑工具按钮

如图 5–69 所示,上面的关键点非常密集,如果想把蓝色曲线 A 点所在的波谷(红色框区域)整体往下移动,则需要调整区域内所有的关键点。如果只向下拖动 A 点,红色方框内的其他区域是不会改变的,如图 5–70 所示。为了方便大家观察,只显示出了蓝色曲线。但是如果使用显示分层编辑工具,选中白色圆形图案,按住 Esc 键不放,往下拖动,就可以轻松地将这段曲线整体往下移动。大家可以对比图 5–71 与图 5–70 中的曲线形态,观察两图中蓝色曲线与坐标横线(见图 5–71 中绿色箭头标出的较粗的线)的相对位置,就不难发现这个区别。

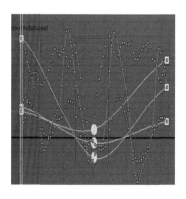

图 5–69　分层编辑工具使用

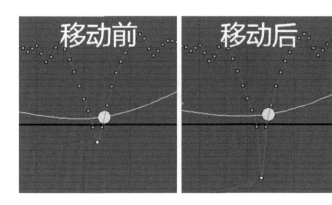

图 5–70　只移动一个点的曲线形态变化

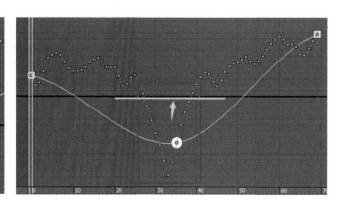

图 5–71　整体移动后的曲线形态

再来看下面一排工具栏(见图 5-72)。这一排工具栏与"轨迹视图"曲线编辑器的工具栏一样,在 Bone 骨骼系统一节已经提到过,这里简单演示一下。

图 5-72　轨迹视图—曲线编辑器的工具栏

打开曲线编辑器的方法是点击曲线编辑器的工具按钮 。点开后可以看出这里有与曲线视图相同的工具(见图 5-73)。

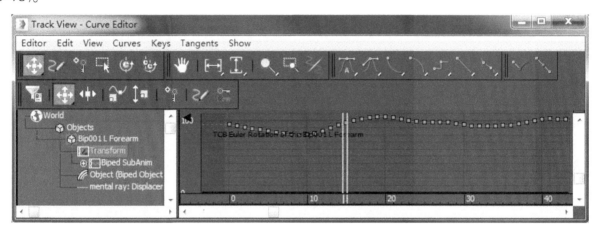

图 5-73　轨迹视图—曲线编辑器窗口

 首先看一下这个漏斗形的工具 Filter 过滤器,点击后会弹出对话框。这个对话框中可以设置是否在视图的列表窗口中显示一些选项。

 移动关键帧工具组右下角有一个黑色三角形,鼠标左键点击不放,可以出现下拉工具条,第 1 个 移动工具可以将曲线上的关键点进行上下左右自由移动,第 2 个 只能左右移动,第 3 个 只能上下移动。

 "Slide Keys"这个工具和移动工具最大的不同就在于,它能将当前关键帧以后的所有关键帧都整体移动,并且保持曲线不变。

 "Scale Keys"缩放帧工具,可以将选中的帧进行缩放操作。

 缩放值工具,这个工具激活后,在视图中会出现一根橙色的直线。以这根橙色的直线为中心,对曲线进行缩放,选中所有关键帧,将关键帧的值缩小,在缩放的时候,鼠标旁边会有缩放比例的提示(见图 5-74)。

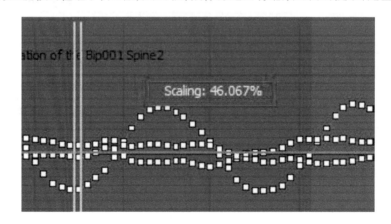

图 5-74　曲线缩放工具

"Add Keys"添加关键帧工具,可以直接在曲线上添加帧,在这里添加关键帧后,在时间轴上也会有所体现。后面的绘制关键帧按钮对 Biped 无效,一般在轨迹视图—曲线编辑器中使用。

Key Tangents 组工具,是用来调节关键点手柄的工具,它与轨迹视图曲线编辑器内的工具具有一样的功能。

"Snap Frames"可以将选定的帧锁定,这样就只能对选定的帧进行操作。

点击 "Parameter Curve Out-of-Range Types"后弹出如图 5-75 所示的窗口,这个工具也不能对 Biped 进行编辑,只能对普通物体的帧进行操作。这个功能可以将已有的动画按照一定的模式无限循环下去。

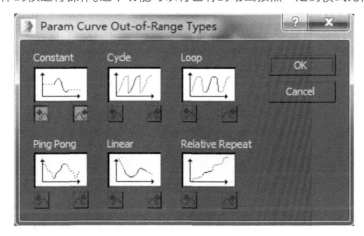

图 5-75　曲线循环类型

这两个按钮只是影响手柄的显示,并不产生实际的操作效果,这个按钮是锁定手柄,以上三个按钮,只有当关键帧处在"Euler"模式下,出现手柄后才能使用。

查找定位,例如,在场景视图中选中一个物体后,在"控制器列表"中仍然没有显示出它的名称来,点击这个按钮,可以快速地在"控制器列表"窗口中显示出来。

这一组工具主要用于控制控制器列表的显示情况,大家可以自己在轨迹视图中尝试。

3.Biped 曲线的完全解析

Biped 曲线有两种计算模式,默认的是"Quaternion",这种模式的曲线是没有手柄的,它会自动圆滑处理,实现动作的自然过渡。我们动画师一般不需要调整 Biped 曲线的手柄,大多都采用默认的"Quaternion"模式,而不会采用"Euler"模式。两种模式的切换位置在 Quaternion/ Euler 卷展栏(见图 5-76)。

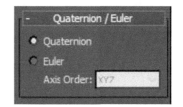

图 5-76　Quaternion/ Euler 卷展栏

打开 c5 文件夹中的 Max 文件"c5-5 曲线解析",在 F0 处为胳膊记录上一个关键帧,不改变胳膊的动作,在 F10 处也打上一个关键帧。在"Quaternion"模式下,大家可以观察到,在 Workbench 中曲线是一条直线,我们拖动时间轴的时候,手臂是静止的。继续在 F20 处把手臂往上旋转,这几帧的手臂 pose 如图 5-77 所示。这时却发现之前的直线变成了曲线(见图 5-78)。这就是因为在"Quaternion"模式下,软件会自动平滑曲线。这个特点在大部分的情况下是非常有用的,可以让角色的动作过渡更加平滑自然。但是某些特殊情况下,会给动画师带来困扰,例如本案例中,在 F0~F10 之间,手臂本应该静止不动,但现在却有了轻微的抖动。

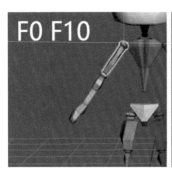
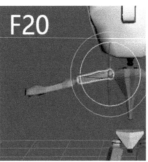

图 5-77 关键帧 pose

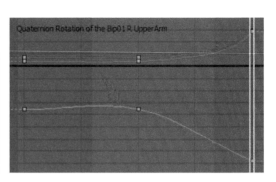

图 5-78 自动平滑后的曲线

在 TCB 的时候,介绍了改变 TCB 参数的方式调节曲线,去避免这种情况出现。现在补充一种锁帧的方式,即在 F0 的前面和 F10 的后面各打上一个关键帧,这样 F0 到 F10 之间的曲线就会变成直线,动画就不会抖动,而会保持静止了,如图 5-79 所示。

Biped 曲线只有在"Euler"模式下才会出现调节手柄。打开"Quaternion/ Euler"卷展栏,点击"Euler"前的小圆点即可切换到"Euler"模式。这时选中曲线上的关键点就会出现手柄,如图 5-80 所示。

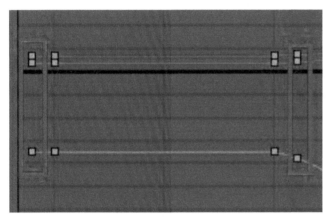

图 5-79 锁帧法

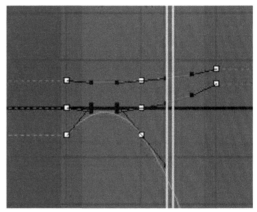

图 5-80 Euler 模型下的关键点

可以通过调节这些手柄改变曲线形态,这些切线控制柄既可以是连续(统一)的也可以是不连续(断开)的。默认情况下,这些曲线的切线控制柄是对称运动的,移动控制柄的任一端,也将移动其另一端。但按住 Shift 可以单独移动控制柄的一端,也可以使用 按钮,让选中的关键点的控制柄不连续。如果想重新使其连续,可以先选中该关键点,再单击"切线动作"工具栏上的 按钮。

还可以通过 ![icons] 这一排"关键点切线"工具栏为关键点指定切线,快速调整曲线形态,从而控制关键点附近的运动的平滑度和速度。

1) ![icon] 将切线设置为自动

按关键点附近的功能曲线的形状进行计算,将选中的关键点设置为自动切线,关键点的手柄会变成水平的蓝色手柄。

使用"内"按钮 ![icon] 仅影响传入切线。也就是使用这个图标仅改变前半段曲线。

使用"外"按钮 ![icon] 仅影响传出切线。也就是使用这个工具仅改变后半段曲线。

这两个图标都非常形象,分别在受影响的曲线段多了箭头符号,很容易理解。这也同样适用于隐藏在后面图标下的类似按钮。所以后面的图标就不一一解释了。

将切线设置为样条线，只有这个按钮会显示黑色控制柄，单击其他工具后，关键点的手柄都会消失。此外，如果移动自动切线控制柄，会自动将类型更改为样条线，手柄的颜色也会从蓝色变为黑色。

2）将切线设置为快速

这种切线使得越靠近关键点，动作速度越快。

3）将切线设置为慢速

这种切线使得越接近关键点，动作速度越慢。

4）将切线设置为阶跃

使用阶跃来冻结从一个关键点到另一个关键点的移动。这种切线使得关键帧与关键帧之间没有任何过渡，就像传统的纸质动画一样，从一个画面直接跳动到另一个画面。

5）将切线设置为线性

这种切线的特点就是关键点与关键点之前的速度是匀速的。

6）将切线设置为平滑

将关键点切线设置为平滑，可以用来处理不能继续进行的移动。

4.工作台中如何查看及更改 Biped 曲线

曲线是初学者学习三维动画的难点。上一小节的学习让大家认识了大部分的曲线工具，那么在做动画的时候具体怎么去认识曲线和使用这些工具调整曲线以达到大家想要的动画效果呢？

初学者往往会将曲线与动作联系起来，认为曲线往下就是往下运动，曲线往上就是往上运动，但实际上可能并不是这么一回事。曲线的走势和运动的走势没有直接关系，比如旋转运动的曲线。大家新建一个文件，创建一个 Biped 骨骼，选中手臂，打开 Workbench，选择 Rot Curve 观察旋转曲线状态。

先点击 set key 按钮，在 F0 的位置为胳膊打上关键帧，注意观察曲线视图，视图中也出现了三个点，并带有三种颜色的虚线。然后拖动时间滑条到 F5，再记录一个关键帧，这时，曲线视图中就出现了两个关键帧，并且两个点之间是实线。最后拖动时间滑条到 F10 的位置，打开自动记录关键帧，将胳膊向上旋转 45°，在旋转的时候会有提示（见图 5-81）。然后观察曲线视图，发现绿色的曲线往下走了（见图 5-82）。

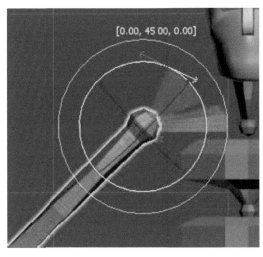

图 5-81　旋转工具

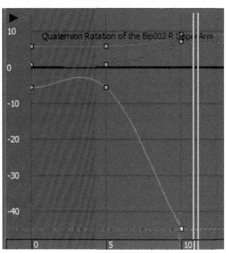

图 5-82　曲线图

从图 5-82 中就可以看出来,曲线视图中的关键帧相当于就是一个二维坐标值,横向的数值是时间帧,纵向的数值是旋转度数。而曲线就是把这些坐标点连接起来所产生的线。然后再来看胳膊的 Pos Curve 移动曲线,仍然是一条直线,说明了胳膊没有移动,只有旋转。

再做一个动画,选中绿脚,在 F0 和 F5 处都打相同的帧,然后在 F10 处把脚往右上方移动(见图 5-83)。

再观察曲线(见图 5-84),从曲线上看,代表 Z 轴的蓝色线往正方向移动了约 30 个单位,而代表 Y 轴的绿色往负方向移动了约 20 个单位。从图上可以看出脚是往 Z 轴正方向及 Y 轴负方向移动了,这与移动脚的动画是吻合的。同样,也可以去移动曲线面板上的这些点,去观察它们如何影响到场景中的动画的,这样可以轻松地找到曲线和动作的对应关系了。

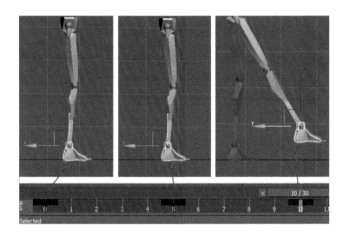

图 5-83　F0 、F5、F10 这 3 帧各自的 pose　　　　图 5-84　动画对应曲线

曲线变化比较多,要熟练运用曲线制作出我们所需要的动画,需要大量的练习。但有一个经验可以让大家快速地运用曲线:曲线的坡度越陡速度越快,坡度越平速度越慢。

课后练习

(1)完成 5.2.3 案例中的一段"单手武器再到双手武器"动作的动画案例。

(2)完成 5.2.5 案例中的 Biped 动画:丢出回旋镖,再接到飞回的回旋镖。

(3)利用提供的动作库,使用运动混合器将两个动画合并成一个动画。

(4)制作任意一段动画,然后从曲线编辑器或 Biped 工作台中观察,找到动作与曲线变化的规律。

要求:所有动画只需要完成动作过程即可,不用考虑美观、运动规律等其他问题。

第 6 章

让角色具有生命之魂
——动画原理基础应用

RANG JUESE JUYOU SHENGMING ZHI HUN

——DONGHUA YUANLI JICHU YINGYONG

◆ **本章指导** ◆

经过前面 5 个章节的学习,大家应该已经具备了三维动画制作工具的基本技能。从这个章节开始学习如何正式地让角色动起来,也就是角色动画。与之前的章节偏重软件技能相比,后面章节的专注力会放在动画的"艺术技能"——动画原理应用上。

◆ **本章要点** ◆

(1)动画基本要素,挤压拉伸、跟随重叠、两足动物走跑等运动规律;

(2)错帧法、pose to pose 动画制作法、草飘原理;

(3)弹跳动画制作、游戏待机动画制作、走跑制作等动画案例。

◆ **教学建议** ◆

本章是动画原理的基础应用,包括动画基本要素、跟随重叠动作、行走和跑的运动规律等动画原理。每个原理都配有一个动画案例进行说明,教学重在通过案例分析,让学生理解原理,并通过案例练习学会应用原理。

从本章起,要正式开始角色动画制作,那么什么是角色动画呢?角色动画就是让虚拟的角色像中了魔法一样动起来!这些角色可以是任何事物,角色动画师的目的就是让这些事物可以像人一样动起来。这些动画可以是扫把飞上天,老鼠吹口哨,也可以是跳舞的玩具,或是会飞的精灵。虽然计算机技术突飞猛进,三维动画软件帮助动画师节省了很多中间帧制作的工作量,但其制作过程仍然非常艰苦。好在这是一项非常有成就感的艺术创作,所以其过程也充满了乐趣。

高质量的动画创作不是那么容易达到的,很多顶级的动画师都花了几年甚至更长时间来磨炼他们的技术。因结合了计算机和艺术两方面知识,动画也许是最难掌握的数字艺术之一。作为动画师,不但要掌握绘画或者速写的技术,还要有节奏感、洞察力、表现力和对物体运动规律的理解。这些正是本章要重点说明的内容。这些内容都是大家学习制作动画过程中要掌握的传统法则,它们不仅对传统角色动画十分重要,同样也适用于三维角色动画。

我们将在教材中为每条法则下定义,同时也会做些解释说明,外加一个动画范例配合讲解。其目的不仅是定义这些法则是什么,还要讲清楚这些法则是怎么应用的,在哪里运用。同时每个人都可以在真实的场景中运用这些法则。但无论怎样,教材中的内容都还只是起着引导作用,道理还是需要大家自己去学、去练、去总结。通过大量的练习才可以做出很真实、很有趣味的角色动画。

6.1
弹跳动画

本节要点:

(1)时间及空间——节奏及量感;

(2)动画实例——小牛跳跃动画制作。

本节教学建议：

本小节主要是为了让大家理解动画的两个要素，并且通过简单的弹跳动画案例制作，让大家感受到时间及空间是如何影响到动画效果的，建议教学课时为 4 课时。

6.1.1　运动规律一——动画基本要素

在《动画师生存手册》一书中，作者提到：动画的一切皆在于时间（Timing）和空间幅度（Spacing）。动画是"动"的艺术，要看见一段运动的影像就必须有一段时间，且有空间位置的改变。实际上动画师的工作就是让角色在正确的时间内完成正确的运动幅度，形成正确的节奏。这里的"正确"不仅会使角色动起来，还是符合物理量感、有生命力地动起来。"节奏"对动画制作来说是最基本的要素。物体运动的速度说明了物体的物理本质和运动的成因。例如"眨眼"的动作就可或快或慢。如果眨得快，角色看上去就处在"警觉或者醒着"的状态，如果眨得慢，角色就会显得比较慵懒、疲惫，昏昏欲睡。

对于好的动画来讲，好的"节奏"感非常重要。动作的卡通风格一般要求物体从一个姿势到另外一个姿势的变换很灵活简洁。写实风格的则要求 pose 之间在细节上要有变化。但是无论哪种风格，都要注意每一个动作的节奏问题。大家打开第 6 章的配套文件，以"小牛"角色的"冲刺"动画和"待机"动画为例进行对比，就可以发现，这两个动作都是让"小牛"角色做上下弹跳运动而已，但它们恰当地表现出了"冲刺"和"待机"这两种不同的意思，而本质上动画师仅仅是改动了"小牛"的运动"节奏"而已。

时间和空间的配合，除了产生不同的节奏以外，还可以塑造量感。量感是除了节奏以外另一个非常重要的动画要素。物体的重量也是让动画变得可信的一个重要方式。比如《超能陆战队》里的大白，当时制作团队花了很多工夫在大白的材质和弹性上面。它的重量最后看起来很轻，材质看上去很软很有弹性，让大家都很想拥抱它，因为它给人一种很有治愈力量的温暖感觉。

6.1.2　运动规律二——挤压与拉伸

挤压与拉伸（Squash and Stretch）用来表现物体的弹性，是迪士尼最推崇的一个原动画表现手法。它会使角色看上去更加鲜活生动，不仅能展现出角色的质感、尺寸以及质量，还能展现出力的大小，力越大，挤压和拉伸的效果就越强，反之亦然。比如一个橡皮球弹跳后落到地面时会被压扁，这就是挤压的体现。当小球弹跳起来后它会在它弹跳的方向上拉伸变形（见图 6-1）。

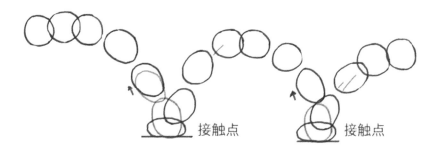

图 6-1　弹跳过程中的小球

在角色中，这个规律同样适用，把角色拉长后能取得更好的视觉表现力。例如三维动画电影《长发公主》中的一个镜头（见图 6-2），有了挤压和变形的状态后，画面中的马和人物看起来都生动形象多了。

图 6-2　电影《长发公主》截图

关于挤压和拉伸比较重要的一点是无论物体本身怎样形变,它的体积、容积至少要保持不变。也就是说如果它的高度压扁到比平时水平低 2 倍,那么它的宽度也应该相应地扩大 2 倍来保证体积不变。如果一个角色或者角色身上的某个部分在变形中不能保持其体积,看上去就会很假。

角色动画中的动作很大程度上是靠肌肉形变来表现的。肌肉收缩就是挤压,肌肉舒展就是拉伸。当然并不是角色身上所有的组织都是按照这个规律变化的。比如说,骨骼和眼球并不会随着周围很多肌肉组织的形变而变形。

但大部分人都不是简单地改变角色的缩放比例来实现挤压拉伸效果的。真正的挤压和拉伸应该是角色身上各部分都有变化并互相配合的结果,而不是简单的比例缩放。

刚性物体一般是按同一方式挤压拉伸的。想象一下皮克斯片头动画里的小台灯(见图 6-3),或是看文件夹"皮克斯的意外"中的小动画。这些台灯本身是刚性的金属物体。当它们准备弹跳的时候,它们首先要做出弯曲的预备动作,跳起来后要做拉伸的动作,这个就是挤压拉伸的最基本的形式。

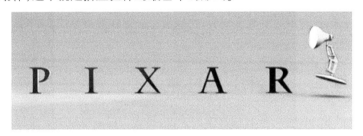

图 6-3　皮克斯的小台灯动画

6.1.3　球形角色的跳跃动画实例

小球弹跳练习是动画师的必经之路。但小球弹跳会让大家略感枯燥,所以这里选用了一个和小球非常类似的角色来制作一段跳跃动画,原理是一样的,但是显得更有趣味性。同时这个案例也是来自真实的商业项目,可以让大家最直接地了解到商业项目需求和标准。

步骤 1:检查模型绑定

打开文件课程准备的绑定文件"chongwu01_skin"。检查每根骨骼,找到质心,确保每根骨骼都有权重,检查的目的是明确一些骨骼的用处,比如骨骼之间的连接关系,以及分别控制哪些部位。这个小牛的绑定采用的是 Bone 骨骼绑定,绑定的方式和第 4 章中的"绵羊"角色绑定是类似的,中间红色骨骼是控制骨骼的整体移动及旋转,上下两个黄色骨骼可以控制角色上下两个部分的拉伸和挤压,耳朵和尾巴部分的骨骼分别控制对应位置的运动,如图 6-4 所示。

步骤 2:构思动画制作思路

首先分析动画的主次。以这个跳跃动画为例,角色的重心运动是主要动作,耳朵、尾巴等附属物体的运动是次要动作,所以首先要制作重心的运动,也就是控制红色的骨骼完成上下弹跳运动。根据牛顿第二运动定律,因为受地心引力的影响,向上跳起的节奏是由快到慢,相反下落的节奏则会越来越快。这是主体的运动,再配合翅膀、嘴巴等附属部位这个动画就差不多完成了。

步骤 3:制作主要关键帧动画

这个案例的主要关键帧动画就是中间的红色骨骼"Bone_all"的动画,"Bone_all"是最高层级的骨骼,是所有骨骼的父物体,用它来控制角色的整体移动和旋转。只有完成了"Bone_all"的动画制作,才能在其基础上更好地细化下去。"Bone_all"动画的基本要求是流畅不卡顿,再高一点的要求是弹跳动画符合物理量感,最高的要求是弹跳的节奏感强,能体现这个角色活泼可爱的性格。根据这 3 个层次的要求,可以分三个小步骤去完成。

1)制作位移主要关键帧,搭建弹跳框架

这个动画的总时间长度是 24 帧,因为游戏动画都是循环动画,所以第一帧(F1)和第 24 帧(F24)的角色动作应该是一样的。如图 6-4 所示 是"Bone_all"骨骼的运动轨迹图,中间的红线就是骨骼轨迹,有方块的地方就是有关键帧的地方。这些关键帧中的几个主要关键帧(见图 6-4 中红色字体部分)依次是:初始 pose、预备帧、极限帧、掉落帧、初始 pose,这几个关键帧对应的帧数是 F0、F2、F12、F21、F24。首先制作这几个主要关键帧的动画,并保证动画的流畅度。

2)制作次要关键帧,塑造正确的物理量感

完成以上制作后,我们会发现这个角色的弹跳毫无可信度,明显感觉到它没有重量感。这时候就要调整节奏,根据牛顿第二运动定律,添加两个次要关键帧去改变上升和下落的速度。这两个关键帧就是起跳帧(F4)、极限帧的缓冲帧(F9、F16)、掉落加速帧(F19)。F2 到 F4 只有两帧的时间,但是运动的空间距离比较长,F9 到 F12 有 4 帧的时间,运动距离相比更短,所以 F2 到 F4 的速度很快,F9 到 F12 用较长的时间运动较短的距离,速度自然更慢,所以在 F0 到 F12 这个上升时间段里面,就做出了由快到慢的节奏变化,下落同理。

图中说明的这个时间和距离都不是绝对的,只是为了方便说明动画制作的步骤和思路,采用了最终的数据。实际上在制作过程中,角色的位置或是时间都是需要反复调试才能找到的。动画制作经验越丰富,就越能快速地找到合适的节奏。

3)为关键帧添加旋转动画,塑造角色个性

完成骨骼"Bone_all"的上下弹跳的动画后,可以为它加上各个轴向的旋转使其动态更加丰富,让这个小牛角色的性格特征更加明显,更有生命力。

打开"Bone_all"的运动轨迹的方法是:启用显示面板里的 Display Properties 卷展栏中的"Trajectory"(见图 6-5)。

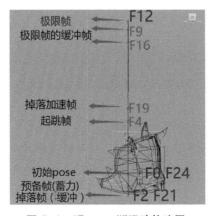

图 6-4 "Bone_all"运动轨迹图

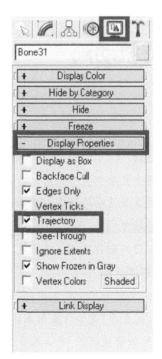

图 6-5 显示运动轨迹

步骤 4：细节润色完成动画

主体动画完成后，可以开始为动画添加细节。例如翅膀的扇动、身体的挤压与拉伸、嘴巴骨骼的张合、眼皮的眨动、尾巴的跟随摆动等。注意在制作完动画后，要切换到各个角度去检查，不能像二维动画一样，只关注一个角度。发现有卡顿或节奏不正确的地方，以及配件和主体运动配合得不好的地方都要慢慢地修改。

1）添加挤压拉伸效果，增加角色身体弹性

挤压最极限的位置主要在 F2 向下预备的这一帧，拉伸最极限的位置在 F4 起跳帧，F12 最高点要回到初始状态，F19 又有一个拉伸，然后回到初始状态。几个关键帧如图 6-6 所示。拉伸的动态，靠上下两根骨骼"Bone_up"和"Bone_down"的运动来完成。

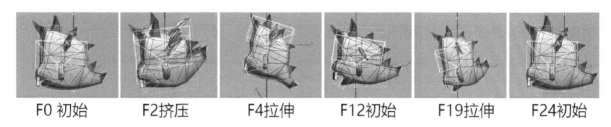

| F0 初始 | F2挤压 | F4拉伸 | F12初始 | F19拉伸 | F24初始 |

图 6-6　挤压拉伸动态说明图

2）制作尾巴跟随效果

尾巴的动画因为只有一节关节，所以并不难，只需要执行和"Bone_all"相反方向的运动就可以了。例如在 F4 处角色是处于向上的运动过程中，所以尾巴向下旋转，在 F19 处角色身体向下落，尾巴向上旋转。

3）制作嘴巴、眼睛、耳朵、翅膀等小配件动画效果

这几个部位的动画主要是为了增加细节，大家可以根据自己的设计来做出不同的动画效果。

6.2
待机动画

本节要点：

（1）跟随重叠原理；（难点）

（2）错帧法及反向运动法；（重点）

（3）飘带插件；

（4）待机动画制作技巧。（重难点）

本节教学建议：

本小节主要是为了让大家理解"跟随重叠"这个运动规律的本质是力量传导。然后通过待机动画案例的制作，让大家体会"跟随重叠"是如何应用在具体的角色动画制作之中的，并且通过案例帮助大家掌握"反向运动法"，制作出关节松动柔软的视觉效果。建议教学课时为 8 课时。

6.2.1　运动规律三——跟随重叠

如果说"挤压与拉伸"是为制作角色弹性的动画原理,那么"跟随重叠"就是决定角色是柔软还是僵硬的重要法则。这是动画师必须掌握的原理,它经常应用在多关节物体上。这个原理生活中随处可见,例如松鼠跳动过程中的尾巴(见图6-7)、游动的鱼儿、女孩子飘动的长发和裙摆,当然也包括人类角色,整个人体就是一串有连接关系的骨骼。理解这个原理,可以从理解"草飘运动"开始(见图6-8)。

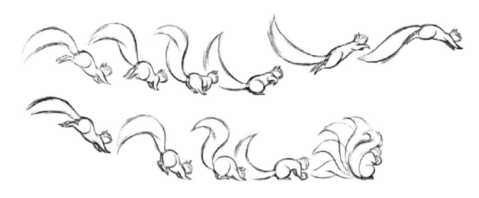

图6-7　松鼠跳跃过程分解

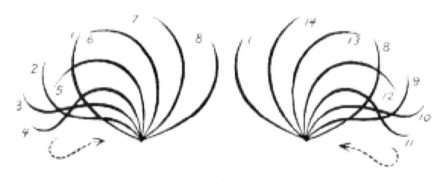

图6-8　草飘原理

如图6-8所示的草飘原理图描绘出了柔软的多关节物体在一端固定的情况下进行左右飘动时其每一帧所展现出的状态。草飘运动最根本的问题就是力量传递的问题,也就是某些关节先动,然后带动某些关节后动。将图6-8中的曲线想象成由很多关节组成,它的运动就是底部的根关节先动,再带动上部的末端关节动,所以从F1到F8的各关节运动不是同步的。可以看到F2这条曲线的底部关节最先向F8运动,并形成了反"c"方向的弧线,而上部分的末端关节仍然向下运动,还是保持和F1一样的正"c"方向的弧线。这意味着整条关节上会形成反向运动,下半部分向上运动,上半部分则向下运动。关节接着运动为F3形态。因为力量继续往上传递,F3时,底部往F8的反"c"形态运动的关节变多,反"c"形态变得比F1时更大,但仍然有一小部分关节还是保持正"c"形态,F4时只有更小的一部分末端关节还在继续向下,保持"c"形,直到F5时,力量完成传递完毕,形成了反"c"形态,然后保持这个形态运动到F8。F8结束后根关节的力量方向发生变化,开始往F1方向甩动,又再次开始刚才描述的那种力的传递。这样往返就形成了一个循环。

这个原理可以应用在多关节的物体上,也可以应用在人身上,因为从本质上来说其实"人"就是一个多关节的物体。图6-8中的草,可以想象成人的手臂,一只手臂先向上运动并还要落下,在开始落下的时候(见图6-9中的D),会让上臂(根关节)先向下,但手(末端关节)会继续向上。这样做以后会让人觉得手臂的运动比较柔软,不僵硬,否则会觉得这条手臂像机器人的手臂。如果图6-8中的草代表的是整个"人"的时候,也可以将"人"分解为多个关节,如图6-10所示。在做人物角色的动画时,也要将整个人看成是一根"草"去分析他的动态,如图6-11所示。

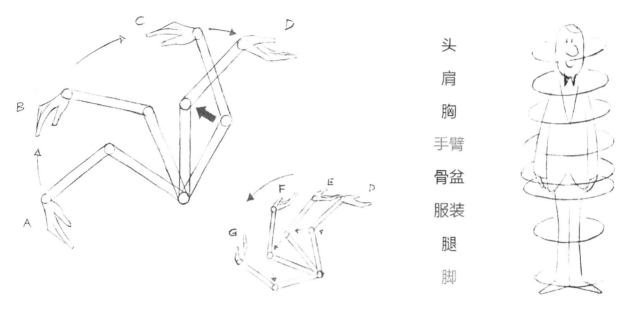

图6-9 手臂运动关键帧分解

图 6-10 人身体分解为多关节

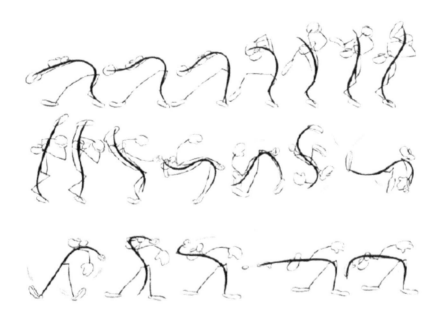

图 6-11 投掷运动过程身体动态线变化分析

草飘练习

初学者对"跟随重叠"原理的学习所面临的阻力最大,很难制作出流畅的跟随动画。其实要理解这个原理并不难,通过这些案例的制作就能完成这一点。

打开 3Ds Max 软件,在 Front 视图中创建一根有 4 段关节的 Bone 骨骼链,将时间轴的长度调整为 0 到 16帧。参照草飘原理图的样子,在 F0 时将骨骼链摆成反"c"形状,F8 摆成正"c"形状,然后按住 Shift 键不放,拖动 F0到 F16,复制关键帧 F0。Max 软件会自动计算出中间帧,这时会形成一个循环动画。打开"c6"文件夹中的案例文件"c6-2 草飘原理 1",点击播放按钮观看动画,这是由 Max 自动计算的,没有添加"跟随重叠"的动画效果。将 F0、F2、

F4、F8 各个关键帧透视显示（见图 6-12），可以看出，这四个关节是同时运动的，它们之间没有形成力的传递，也没有反向运动，关节摆动起来非常僵硬。

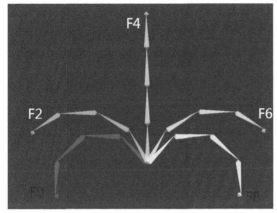

图 6-12 关键帧分解

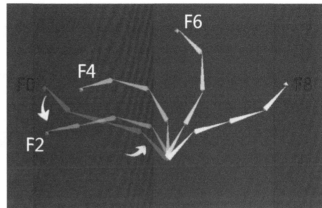

图 6-13 错帧后的关键帧分解图

草飘原理的根本是关节之间的先后运动关系，可以用"错帧法"来印证这一点。具体的步骤如下。

（1）选中所有关节，然后框选时间轴中的三个关键帧，按住 Shift 键不放，从 F16 的位置点击鼠标左键不放，往 F0 的位置拖动，在时间轴的前面复制三个关键帧。然后再从 F0 的位置点击鼠标左键不放，往 F16 的位置拖动，在时间轴的后面复制三个关键帧。复制完成后，时间轴上总共有 7 个关键帧。

（2）将整个时间轴的范围改为 F16 到 F32，将所有的帧都显示出来。

（3）双击第二个关节 Bone002，选中 Bone002 及其所有子关节，然后框选时间轴上的 7 个关键帧，往后拖动两帧。这样就让 Bone002 及以后的关节的运动比 Bone001 晚了两帧。

（4）双击 Bone003，同时选中 Bone003 和 Bone004，然后框选时间轴上的所有关键帧，往后拖动两帧。这样就让 Bone003 和 Bone004 的运动比 Bone002 的运动晚了两帧。

（5）最后再选中 Bone004，然后框选时间轴上的所有关键帧再往后拖动两帧，这样就让 Bone004 的运动比 Bone003 的运动晚了两帧。

完成以上步骤后，就达到了每一个子关节都比上一节父关节迟运动两帧的目的。

（6）最后将时间轴的范围重新调整为 F0 到 F16。然后全选所有关节，在 F0 和 F16 的位置各记录一个关键帧，这样就可以将 F0 到 F16 这段时间内的每一个关节的动画固定下来。

这时再观察这个动画，大家就能感受到关节变得非常柔软。修改后的动画，关节之间的运动有先后次序，并且因为这种循环的先后次序，形成了反向运动，例如 F0 到 F2 的运动，下面两节关节在向上运动，后面两节关节仍然在向下运动（见图 6-13）。

6.2.2 动画实例

在实际的动画制作过程中，情况会更复杂，不能依靠"错帧法"来达到效果，但从这个案例可以总结出经验，来帮助达到同样的目的。这个经验就是：可以使用反向运动让关节变得比较柔软，从而得到更好的动画效果。具体应用我们将在本节的待机动画实例中讲解。

游戏动画中的待机动画是最基础的动画需求，可以说是游戏项目的标配，大家一定要掌握。待机动作一般分为普通待机、战斗待机、休闲待机。普通待机主要做出角色在站立姿势下有呼吸的感觉，Biped 骨骼的移动、旋转幅度较小，节奏偏缓慢，飘带尽量做出随风飘动的感觉。区别于普通待机，战斗待机要做出战斗感，节奏比普通待机更加强烈，有预备攻击的趋势，动作的呼吸幅度、频率比普通待机偏快偏大，飘带跟随较明显。休闲待机要求在符合角色性格的前提下,动画流畅且设计新颖有趣。

1.浮游生物待机动画实例

　　浮游生物泛指生活于水中而缺乏有效移动能力的漂浮生物。这类生物最大的游动特点就是跟随重叠原理。以鱼类为例,它们主要生活在水里,游动时主要是运用鱼鳍推动流线型的身体在水中向前游动。鱼身摆动时的各种变化呈曲线运动状态。为了方便掌握鱼类运动规律,可以分为大鱼、小鱼和长尾鱼。长尾鱼,如金鱼,鱼尾宽大,质地轻柔。动作特点是柔和缓慢,在水中身体的形态变化不大,随着身体的摆动,大而长的鱼鳍和鱼尾做跟随运动。待机动画的第一个案例是金鱼(见图6-14)。

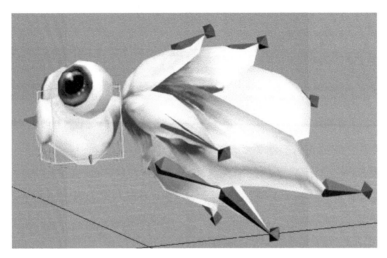

图6-14　小金鱼案例

　　打开文件夹"c6-2待机动画实例1-金鱼"文件夹中的绑定文件"小金鱼_skin",首先分析角色,观察绑定情况。这条金鱼全是由多条Bone骨骼链完成的绑定,根关节在头部,控制整个骨骼的移动和旋转。大家可以打开文件"小金鱼_待机1"来观察预先制作好的动画效果。在这一小节中,我们主要分析这个待机动画是如何制作的。

　　(1)制作头部的动画,拉出大的动画框架,这个待机动画需要制作出有规律的上下游动的感觉,所以首先完成"Dummy01"的动画制作。将时间轴设置为0到36帧。在F0、F16、F35为"Dummy01"记录一个关键帧,打开自动记录关键帧,将F16的头部动作稍微向上旋转。这样在Y轴的旋转曲线就形成了F0、F36和F18作为峰值的循环曲线(见图6-15)。

　　(2)然后在F9的位置将"Dummy01"向下拉动到最低点,同时头略微向右旋转到最大角度,在F27的位置将"Dummy01"向上拉动到最高点,同时头向左旋转到最大角度。这样RotateZ就形成了峰值在F9和F27的曲线(见图6-16)。

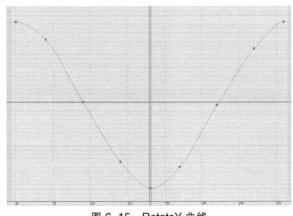

图6-15　RotateY曲线

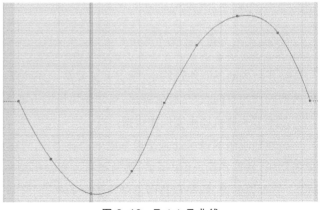

图6-16　RotateZ曲线

（3）然后可以开始制作"Bone06"的动画。"Bone06"是头部重心的第 1 个子关节,是整个尾巴的父关节,控制着整个尾巴的旋转。为了表现出金鱼头和身体连接处的关节柔软性,可以使用反向运动的原则。因为从 F0 到 F9 金鱼的重心都是往下运动的,加上要在关节之间形成先后关系,可以在 F5 的位置将"Bone06"的 Z 轴旋转一点,使得金鱼的尾巴向上翘,这样就可以形成金鱼重心向下移动从而带动金鱼尾巴向下运动的感觉。因为从 F10 到 F27 金鱼的重心都是在向上运动,所以在 F23 的位置可以将尾巴向下旋转,这样就可以形成金鱼重心向上移动从而带动金鱼尾巴向上运动的感觉。RotateZ 可以形成正负最大值分别在 F5 和 F23 的循环曲线。

（4）剩下的关节,大家可以使用同样的原理制作出动画来,但是也可以使用效率更高的插件计算出来,用插件计算出来的尾巴摆动的效果更精确自然。但是为了配合主体的运动,也需要我们手动去调整,所以原理的问题还是必须掌握的,这样才能调整出正确的动画效果。

现在补充讲解这个插件的用法,大家将插件"springmagic_0.8"拖动到 Max 软件中去,会自动弹出对话框（见图 6-17）。这个插件一定要在根关节有动画的情况下使用,它会根据根关节的动画效果,计算出后面子关节的运动,要求这条关节一定要有末端关节,否则最后一个关节无法计算出来。唯一不太好的地方是,计算出的动画是逐帧动画,动画师需要调整效果的时候不是非常方便。

这个插件的使用非常简单,大家掌握常用的几个设置参数即可。Spring 控制飘带的柔软性,数字越小计算出的飘带越柔软。Loops 循环,一般设为 2~3 次循环,这样可以保证首尾帧的形态相差不大,有利于制作出循环动画。因为一般情况下,我们的第一帧 pose 是我们预先设计好的,我们希望第一帧的 pose 不要被改变,所以这个时候需要先使用"Bone Pose"组中的"Set"按钮,把初始 pose 保存下来,这样插件在计算的时候不会破坏这个初始 pose。"Key Range"是指计算的时间范围。当我们设定好后直接按"Apply"组中的"Bone"按钮即可计算出飘动效果。

图 6-17　飘带计算插件
springmagic_0.8

2.两足角色待机动画实例

打开文件夹"c6-2 待机动画实例 2- 风行者"中的绑定文件"fengxingzhe_skin"。检查每根骨骼,确保每根骨骼都有权重,明确骨骼的用处,比如骨骼之间的连接关系,以及分别控制哪些部位。这个角色采用的是 Biped 骨骼与 Bone 骨骼结合的绑定方法,Biped 骨骼是控制人物整体移动及旋转的,Bone 骨骼可以控制角色飘带武器部分的位置和使用。

制作主要关键帧动画之前,先摆出符合角色性格、气质等因素的好 pose。这个角色是女性弓箭手,所以她的气质可以做出英姿飒爽的感觉。由此设计出她的战斗待机（见图 6-18）和普通待机（见图 6-19）的姿势。二者的区别是战斗待机更有攻击性,是射箭前的准备状态,而普通待机则更多地体现角色的高雅、帅气。

图 6-18　战斗待机 pose

图 6-19　普通待机 pose

一般情况,待机首先做质心,让质心稍微有一些律动,然后做整个脊柱的律动,就像草飘运动一样,把身体力的传递做出来,再从中找呼吸感觉的pose,把身体上下移动的感觉加进去,这样角色就有明显的呼吸感,然后再做四肢的动画效果。这个案例可以分成以下三个小步骤去完成。

(1)在第0帧上摆出你想要的pose,来搭建待机框架,pose确定了,待机最后的效果也确定了一半。

(2)制作Biped骨骼的运动轨迹(旋转与位移),在多个视图中都有不同程度的移动与旋转,塑造合理的运动轨迹。

首先制作质心的位移动画。F0、F30上质心位置是相同的,在这两个时间点为质心各记录一个关键帧。打开自动记录关键帧模型,然后在F15时将质心往下、往前拉到最低点,再在F8时把质心往左边拉,在F23时把质心往右边拉。激活KeyInfo卷展栏中的"Trajectories"按钮 ,显示出质心的轨迹,从正视图看,质心形成了一个椭圆形的轨迹(见图6-20),从侧视图看则是一条斜着的直线轨迹。

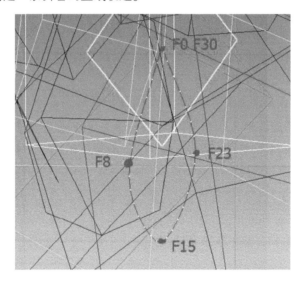

图6-20　质心的轨迹

然后添加质心的旋转动画。从F0到F15质心是向下运动的,反向运动法则,让身体向上、向后旋转,直接在F8处旋转质心可以做到这一点。从F15到F30质心是向上、向后运动的,所以躯干旋转的方向是向前、向下的,旋转方向刚好与F8相反。具体效果请查看文件"fengxingzhe_idle01"。

(3)依次为人物添加胸腔、肩膀、手臂、头部骨骼的跟随,完成大的框架,如文件"fengxingzhe_idle02"到"fengxingzhe_idle05"。

6.3
行走动画

无论是游戏动画还是影视动画,走路动画制作可以说是最难的技能点之一。因为走路动作无论是对观众还是对玩家来说都非常熟悉,只要有一点点的不自然,大家都能觉察出来。当然,他们可能说不出为什么,但一定能感觉到有什么地方不对。所以要做好走路动作,首先一定要知道走路是怎么走的。大家一定很奇怪,谁会不知道怎么走路呢?不就是迈开两条腿吗?话虽如此,但真正到了制作走路动画的时候,就不是这么简单了,我们需要对走路过程中的运动规律了解得非常透彻,并且还要经过大量的练习,才能制作出自然的、真实的、富有个性的走路动画。

6.3.1 运动规律四——走

下面就来学习本教材的第四个运动规律——走的运动规律。大家可以先自己从凳子上站起来,先体会一下走路动作分解,先自己在头脑里想想有哪些动作,然后可以通过观看行走视频的逐帧截图(见图6-21)来分析走路运动中的各个帧。

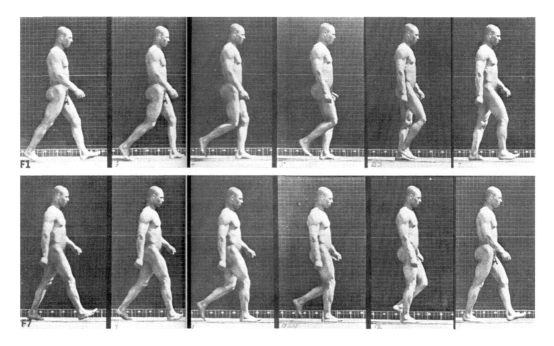

图6-21 行走动作分解

通过感受走路和观察图片,我们可以提炼出走路的特征主要有以下几点:

(1)胳膊与腿的方向总是相反的,因为这样身体才能保持平衡、有力;

(2)身体的重心有高低起伏的变化,也有左右移动的变化;

(3)胯部会随着脚步的移动而旋转,肩部会随着手臂的摆动而旋转;

(4)两只脚都在地面时,步间距最大。

再具体一点,例如重心的高低变化中,重心的最高位是哪一帧,最低位又是哪一帧?肩部和胯部究竟是如何旋转的?手臂的摆动幅度在哪一帧是最大的?在制作动画的时候都特别想知道上面问题的答案,希望有一个公式一样的规则来告诉自己该怎么做。很庆幸,迪士尼的动画前辈们总结出了这些规律。

1.普通走路运动的五大关键帧

动画经典教材《动画师生存手册》这本书对走路的规律讲得非常透彻。这里我也将截取这本书中的部分图片来说明行走运动规律。在这本书中,作者总结出了"标准"走路的五个关键帧。走路是千变万化的,制作的难度很大,对于初学者来说,通过这个高度提炼的"标准走"去理解走路是最容易掌握的。当我们掌握了标准走,就可以举一反三做出更多符合角色性格的个性走。所有动画制作都是从关键帧开始的,那么制作"标准走"也不例外。"标准走"有五个关键帧(见图6-22)分别是接触帧、低位帧、过渡帧、高位帧,以及脚的前后顺序交换以后的接触帧。

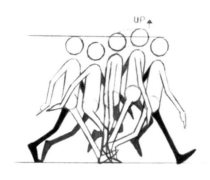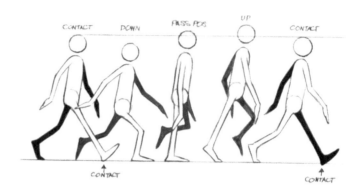

图 6-22 "标准走"五大关键帧

2.走路动作的几大关键变化

有了这五个关键帧,在制作三维动画的走时就有了参考,在使用这张图片的时候,还需要提醒大家,注意走路动作的几个关键变化。这对于初学者来说也是往往最容易忽略掉的。

从图中可以找到走路的几个特点:

(1)重心最低点是低位帧,位于过渡帧之前,最高点在高位帧,位于过渡帧之后;

(2)手臂摆动幅度最大的位置在身体重心最低的低位帧;

(3)过渡帧时落地的腿绷直,抬起的脚位于最高点;

(4)高位帧的时候身体要向前略微倾斜。

掌握了这个图就解决了走路动画中最关键的脚的步伐及质心的量感的问题。在动画制作过程中,除了体现量感的上下移动外,质心还会左右移动,体现出平衡感。

如图 6-23 在接触帧的时候,质心在两只脚之间,到过渡帧向上的位置,因为一只脚完全抬起,所以人的质心会完全转移到落地的一只脚上,这样人才能维持平衡而不会倒。如果将质心转移的程度夸大,如图 6-24 所示就可以看得更加明显。

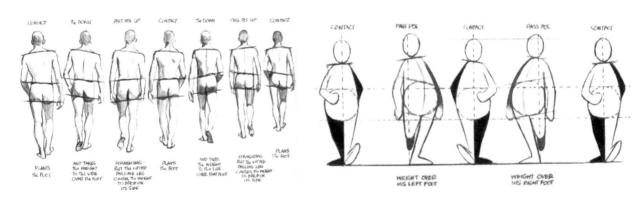

图 6-23　行走关键帧的背视图　　　　　　　　图 6-24　行走关键帧分解

所以可以总结出"标准走"关键帧中的第 5 个特点:重心在过渡帧的时候往落地脚的方向位移达到最大值。

胯部及肩线的旋转问题,也是在制作走路动画的过程中非常重要的问题,一定要掌握。在三维软件中,旋转有三个方向,并且很难用简单的往左或往右旋转去说清楚旋转的方向,所以为了让大家更准确地理解旋转的具体操作,下面以质心旋转为例,用图 6-25 至图 6-27 三个图来说明本教材中对旋转的描述。

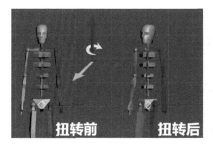
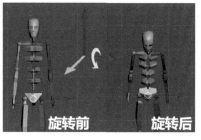
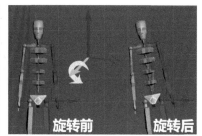

图 6-25   图 6-26   图 6-27

角色在图 6-25 中质心沿垂直方向，往（角色自己的）左扭转；在图 6-26 中质心向前旋转；在图 6-27 中质心向右旋转。总之，只要是关于左右的描述都指的是角色自己身体的左右，垂直身体的 Z 轴的旋转，我们称之为"扭转"，与"旋转"区分开。

从图 6-24 中我们可以看出胯部和肩膀的旋转方向总是相反的。如果分别从三个轴向上总结胯部的旋转，主要有以下特点：

（1）胯部的旋转在两个低位帧的时候达到最大值，也就是胯部围绕 Y 轴的旋转达到最大值。左脚落地的低位帧，重心全部在左脚，那么胯部的旋转会导致盆骨左边最高，右边最低。到右脚落地的低位帧，重心全部在右脚，那么胯部的旋转会导致盆骨右边最高，左边最低。在侧面观察，就会发现通常腰线会随着一只脚往下时向下斜，脚往上时腰线也往上斜。

（2）在接触帧的时候，两只脚之间的距离是最大的，所以胯部围绕 Z 轴方向的扭转幅度也是最大的。

（3）胯部围绕 X 轴的前后旋转，在低位帧的时候会向后旋转，躯干向前旋转，使得身体呈蜷缩状，为向前推送身体储备力量，到了高位帧，力量完全释放出来，胯部向前旋转，躯干向后旋转，使得角色有一种提臀挺胸的感觉。但身体的整体倾斜度是在高位帧向前倾斜角度最大，低位帧向后倾斜角度最大。

具体的情况在后面的案例中加以示范，大家便能更清楚。为了快速地制作出走路动画，大家首先可以动一动自己的身体，体会以上特点。

3.普通走路的脚及手臂运动特点

在走路动画的制作过程中，手臂的自然摆动也非常重要，但相比腿及质心的运动，就显得简单多了。手臂的前后摆动需要配合肩部的运动方向，再加上关节之间的力的传递，就可以做出自然的手臂摆动效果，就像之前学过的草飘运动一样。如图 6-28 所示就是正常走路运动中手臂摆动的 5 个关键帧，注意摆动幅度最大的位置在低位帧。

如果要将整个动画做得非常的细致，脚的运动是最关键的细节，也往往是动画师花费时间最多的地方。脚的运动轨迹会呈现出如图 6-29 所示的水滴状。

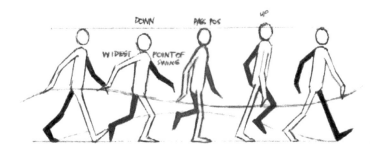
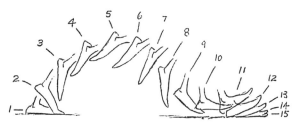

图 6-28　行走关键帧分解

图 6-29　行走中的脚步运动 pose

4.个性走的运动规律

之前我们学习了标准走的运动规律,大家需要在案例中去练习并深刻体会,熟练掌握后可以继续学习个性走。个性走就千变万化了,不同的人有不同的走路方式。男性和女性走路有区别,成人和小孩走路也有区别。我们甚至可以凭借一个人走路的背影就判断出这个人是谁,这就是走路的个性所致。但是万变不离其宗,这些个性走,仍然可以分解为这五大关键帧。例如得意扬扬地走,仍然有接触帧、低位帧,只是这里的高位帧和接触帧重合,过渡帧和低位帧重合(见图6-30)。无论这些关键帧有什么样的变化,质心的上下、左右移动,胯部及肩部的旋转等特征是必须有的,只是旋转和位移的幅度、时间长度、时间位置有所不同而已,具体有哪些不同就要具体问题具体分析了。这部分内容也属于高级动画课程要深入研究的部分。

图6-30 个性走关键帧分析

6.3.2 两足角色行走动画实例

为了方便大家观察,本书选用一个配件少、结构清晰的女性两足角色作为示范案例。为了便于大家理解上一节讲的行走的五大关键帧,下面将采用pose To pose的方法为大家讲解。

打开"c6-3行走动画实例"文件夹中的文件"行走动画实例",首先分析这个案例是如何完成的。角色是一个性感的女性角色,在初始pose的设计上就应该比较性感、高雅、有女王范儿(见图6-31),走路特征可以参考女模走路特征,胯部和胸部的扭动比较大。个性走与普通走的最大区别就在于每个关键帧的pose不一样,所以制作这个动画,同样需要寻找5个关键帧,但是在关键帧pose设计上,需要充分考虑角色特征,同时时间节奏也是需要重点考虑的。

制作行走动画的思路可整理为以下几个步骤。

步骤1:拉出循环走大框架

首先将时间轴的长度调整为0~32帧。摆好F0的关键pose,F0为第一个接触帧,摆好的pose如图6-31(a)

所示。因为脚是一直要站在地面上的，所以首先选中两只脚，点击 ![按钮] 按钮，将脚固定在地面上，让脚不随质心的移动而移动。然后全选 Biped 骨骼，将 F0 复制到 F32。

然后再摆出 F16 的关键帧 pose，两条腿的前后顺序交换（见图 6-31（b））。

步骤 2：找到质心起伏的节奏，找到质心的扭转循环

在 F3 和 F19 时将质心往下移动，在 F13 及 F29 时将质心往上移动到最大值。

在 F9 的时候将质心往蓝色腿的方向水平移动，在 F24 的时候将质心往绿色腿的方向水平移动。

F0、F32 的时候质心往右扭转，使得盆骨左边在前，右边在后，F16 则刚好相反。

F3 的时候质心向右旋转，使得盆骨的左边略高，右边略低；一直到 F19 的时候才转回来，使得盆骨右边最低，左边最高（见图 6-32）。

(a)　　　　　　　　　　(b)

图 6-31　行走接触帧 pose

图6-32　盆骨左右旋转说明

步骤 3：制作步伐

如图 6-33 所示，换腿后的帧和换腿前的相应 pose 对应，只用交换左右脚即可。

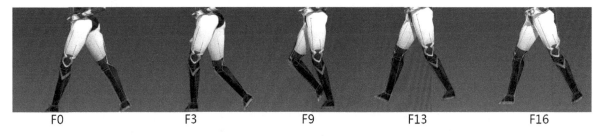

F0　　　　　　　F3　　　　　　　F9　　　　　　　F13　　　　　　　F16

图 6-33　行走中的步伐 pose

步骤 4：制作躯干的跟随效果

躯干旋转的方向要与质心的旋转相反，形成反向运动，同时要注意两节胸椎和腰椎的跟随关系（见图 6-34）。

步骤 5：制作手臂跟随效果

手臂跟随的效果制作和之前讲过的草飘练习是一模一样的，只是在动作的尺度上注意把握，不要太软了，具体 pose 可以参考动作文件。

最后是调整细节，例如头发的飘动效果、胸部的跟随效果、眨眼睛的细节动画等。最后还需要整体检查，看看有

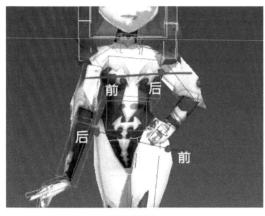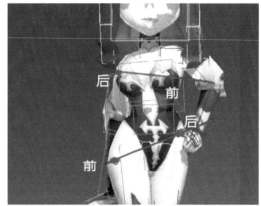

F0 / F32   F16

图 6-34 盆骨及肩的扭转方向说明

没有需要调整的。有的时候为了强化跟随效果，可以在大感觉没有问题的情况下，对部分关节进行拖帧，使用错帧法将跟随的效果做得更自然一些。

6.4
跑步动画

6.4.1 运动规律五——跑

跑步运动规律和行走运动规律是类似的，同样可以寻找到五个关键帧，且各个关节的旋转、位移等规律都是一样的，与行走的最大区别就在于跑步动画会有腾空帧，也就是两只脚都离开地面的帧（见图 6-35）。

接触帧   低位帧   过渡帧   高位帧(腾空帧)   接触帧

图 6-35 跑步关键帧分析

在跑的过程当中，最低位的蓄力帧是质心偏移最大的一帧，但是不需要像走路一样完全压在受力的腿上，因为跑步是一个较快的运动，会有运动平衡。制作跑步动画，首先调整质心的节奏和运动规律，感觉质心的运动正确后，先做一只脚的动画，再做另一只脚，再做腰部、胸部，然后再做一只手臂，另一只手臂，最后再做头部的动画，这些局部完了以后,再从整体去重新调整每个关键帧的 pose,有必要的话会再添加一些细节,让动作看起来更加完美。这也是根据游戏动画的制作特点和 CS 骨骼的运动特点而来的,这样的制作方法是最简单的,当然在实际动画制作过程中,不同的动画师也会有不同的制作方法。

6.4.2　两足角色奔跑动画实例

Biped 骨骼系统的特点就是,当质心旋转或移动的时候,所有的关节都会跟着一起移动,有的动画师为了降低动画的制作难度,就不在质心上做旋转,质心仅仅做位移。但下面介绍的这个跑步方法是需要搭配质心的旋转来完成的,这样的配合会让跑步动作看上去更加自然。方法和规律是"死"的,一说大家都明白,但是按照同一个方法和规律制作出来的同一种动画仍然有好坏之分,主要的原因就在于动画师的经验,以及对 pose 的理解和对运动规律的掌握程度的不同。移动动作左一点或是右一点,左多少或右多少,每个人的感觉都会不同,如果想要做得够好,必须经过大量的练习。现在就正式开始制作一段跑步循环动作。打开文件夹"c6-4 跑步案例示范",打开需求文档、打开Max 文件"jingji"。

1.构思角色动作

分析需求文档,分析角色造型及模型的绑定,在心中构思好角色的动作。

2.制作初始 pose

打开 Max,设定好工作环境,打开自动记录关键帧按钮 `Auto Key`、关键帧之间的跳动按钮 `⏮⏭`、Ctrl+Alt+ 中键(或右键)组合调整时间轴的长度到合适的范围。根据经验,这个角色的跑步动画需要 0～16 帧的长度。选择过滤到Bone,只选择骨骼,坐标选择 local。

3.做质心的动画

1)位移,只做上下位移

因为从发力帧开始作为第一帧,所以质心的上下移动规律是 F1、F8、F16 为低位帧,中间的 F4、F12 为高位帧,质心的 Z 轴的位移曲线就形成了两个抛物线。因为文档有特殊要求,质心的左右方向不能偏移中心点,所以只做上下位移。

2)旋转

因为是疾跑,所以人的身体会向前倾斜,将质心向正前方旋转到合适的角度,在高位帧 F4 和 F12 的位置稍微向角色前方再多旋转一点,形成前后旋转的变化规律。腰部的扭动感,不一定非要用左右移动来实现,可以通过加大X 轴的旋转来实现。

制作完后反复播放调试,直到满意,可以开始下一步,制作完成效果打开文件"jingji@run03 制作质心旋转动画"观察。

4.制作腿部动画

按照跑步动画的五大关键帧,分别在相应的位置摆出腿部的 pose。首先将两条腿的骨骼选中,在 F0 和 F16 各记录一个关键帧,然后将时间滑条移动到 F8 的位置,将两条腿交换摆出换步的关键帧,播放后可以形成两只脚交换的循环动画。然后再制作 F4 和 F12 的高位帧 pose。

播放观察,发现 3Ds Max 自动计算出的过渡帧 pose 还比较理想,所以不需要再手动设置关键帧了,但是接触帧的形态不对,需要手动设置关键帧。将时间滑条拖动到 F6 的位置,将接触帧的 pose 调整为如图 6-35 所示接触帧。动画效果打开文件"jingji@run04 制作步伐动画"观察。

5.制作躯干跟随动画

躯干左右旋转和步伐是相反的,例如 F8 时,观察正视图,可以看出右脚在前、左脚在后,质心和盆骨的旋转是和腿的步伐对应上的,盆骨的中心(大约肚脐眼的位置)会往蓝色箭头方向扭转,而躯干则往红色箭头方向扭转(见图6-36)。F0和F16刚好相反。

然后再在侧视图观察躯干的带动效果。可以在F5和F11的位置略向上挺胸。最终效果观察文件"jingji@run05制作躯干跟随动画"中的动作。头部动作相对比较简单,只需要随着身体质心的移动而上下抬头或点头即可。

6.制作手臂动作

手臂也要跟随胸的旋转形成带动关系,各个关键帧的pose如图6-37所示。

图6-36 跑步过程中的
脊椎扭转说明

接触帧　　　低位帧　　　过渡帧　　　高位帧(腾空帧)　　　接触帧

图6-37 正视图看跑步五大关键帧

课后练习

(1)临摹"c6-1弹跳动画实例1-小牛"文件夹中制作好的动画"chongwu01_胜利"。

(2)使用文件夹"c6-1弹跳动画练习2"中的文件"口袋西游人类MM的兔宠",自己设计并制作一段跳跃动画。

(3)使用文件夹"c6-3行走动画实例"中的角色,制作一个走路动画和一个跑步动画,动作要体现出明显的男性角色特征。

评分要点

(1)动作流畅自然,真实感强;

(2)能感觉到角色、道具的重量,并能保持重量的一致;

(3)正确应用原理和规律;

(4)节奏清晰,有快有慢,运动幅度变化有致;

(5)情节设计新颖,能准确地向观众呈现出角色的个性;

(6)走路、跑步的步伐及重心转移正确。

等级的标准

(1)动作流畅自然,运动规律和原理使用恰当,则为合格;

(2)有重量感,真实感强,节奏清晰,则为良好;

(3)情节设计新颖,动作设计有趣,个性鲜明,则为优秀。

第 7 章

让角色具有生命之魂
——动画原理高级应用

RANG JUESE JUYOU SHENGMING ZHI HUN
——DONGHUA YUANLI GAOJI YINGYONG

◆ **本章指导** ◆

　　角色动画师除了是一名动画制作人员外,同时也要是个演员,他们需要具有赋予一件事物生命活力的能力。通过设计不同的动作、节奏、表情等特征,动画师仿佛具有了魔力,让角色活灵活现,具有了生命力。这就是第 7 章要重点研究的话题。在这一章节,我们将比第 6 章更重视造型美感的艺术训练。

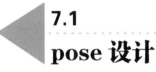

7.1
pose 设计

7.1.1　pose 的重要性

　　什么是 pose? pose 就是角色的姿势,或者叫动作、造型。动画其实就是运动的图画,动画的每一个关键帧都应该是一张具有美感的图画。对于动画师而言,一定要把握好每一帧中角色的 pose,尤其是关键帧 pose,值得动画师深入研究。将关键帧 pose 用恰当的节奏连起来,就形成了一段优秀的动画,所以 pose 是和 timing 同等重要的内容。

　　pose 在个性塑造上达到成熟就会形成特定的风格,这种风格也奠定了一部动画片的表演风格或是一部游戏作品的美术风格,可见 pose 的重要性。pose 的重要性还体现在它在动画中所承担的作用上。

7.1.2　好 pose,好性格,好故事

　　"好 pose,好性格,好故事",这句话最恰当地说出了 pose 的作用。有一种观点是角色为王,"故事对于观众有意义的唯一理由,就是观众在乎角色",所以动画师要努力去塑造有感染力的角色。好的姿态就能迅速传达出角色。一个成功的关键帧 pose 富含很多信息,其中最重要的两个信息就是个性和故事。

　　首先来谈谈 pose 的个性这件事。艺术创作中的角色必定是个性鲜明的,让人印象深刻的。动画片中的角色也好,游戏角色也好,都是如此。这些角色最鲜明的个性就体现在角色的动作之上。例如《冰雪奇缘》中的两个小姐妹,她们的性格一个开朗活泼,一个内敛稳重。如图 7-1 和图 7-2 所示两个小姐妹的 pose 恰到好处地体现出了这一点。

图 7-1　《冰雪奇缘》生日篇截屏 1　　　　　　　图 7-2　《冰雪奇缘》生日篇截屏 2

pose 除了能够体现出角色的个性外,还能传达出角色当前在做什么事情。好的 pose 通过自身的吸引力和情感表达,塑造令人信服的角色,角色与角色之间的矛盾冲突推动情节的发展,从而讲述故事,所以 pose 还是讲述动画故事的首要手法。如图 7-3 所示插画中的三个女孩不同的 pose 不仅充分展示了三个小女孩当时的情绪,也描述了当时的故事。如果用连续的多个 pose,则可以将故事描述得更清晰。如图 7-4 所示,三个 pose 非常清晰地描述了一个女人在按门铃并等待开门的过程,同时 pose 也非常恰当地说明了这个女人矫揉造作、傲慢的性格特征。

图 7-3　Norman Rockwell 的插画

图 7-4　pose 临摹练习 李世钰 长江职业学院动漫 1603 班

7.1.3　pose 的分析要点

要想制作出好的 pose,首先要学会理解和分析 pose,有正确的审美,能判断什么样的 pose 好看,什么样的 pose 不好看。当审美水平提高后,对美的判断就是一种直觉。但是对于初学者而言,可以从以下几个点来分析、理解 pose。

1.pose 是否符合人体结构

真人随意摆的 pose,也一定是符合人体结构的。例如图 7-5 中的芭蕾舞演员的动作,有真实的重心和真实的动态线等,普通人来跳也一样,只是好看不好看而已。但是画的 pose 或三维软件中摆出来的 pose 就不一定了,有很多同学画或是摆出来的 pose 往往是不符合人体结构的,在物理条件下不存在的。动画追求生命力,生命力是建立在真实基础上的夸张,而真实的前提是符合人体结构,所以对人体结构的研究是动画师的必修课。当然,动画师不需要像医生一样,一根骨头、一块肌肉地去研究人体解剖。对于动画师而言,研究人体的落脚点应该在重心、步伐、平衡点、动态线等内容上。初学者最容易犯错的地方就在于忽略了重心的平衡问题。

人体重心是指人体重力垂直向下指向地心的作用点,是人体头、躯干、上肢和下肢等重力的合力作用点。人体重心稍低于人体体积中心,人体重心的位置随人体姿势变化而移动。图 7-5 中的这个姿势,若身体要保持平衡,重心就要离开体积重心,就好像杠杆两端,如果重量不一致,想要平衡,只有改变支撑点的位置(见图 7-6)。

动画中的很多情况,角色都不是独立存在的,例如游戏角色手里常常会握有武器道具,这时就会形成合力。合力是指人体与其他物(人)体作用于一个物体时,各物体中力的合力或人体重力与反作用力、离心力、向心力等力量的合力。所有的合力现象都可以用杠杆原理加以分析。例如经常制作搬重物的练习。搬重物的重量不同,所产生的合力现象也不同。以图 7-7 为例,若以髋关节为"杠杆"的支点,上半身的重心就是"杠杆"一侧的重点,人体所负重的物体的重心就是"杠杆"另一侧的重点,这样就可以分析不同负重时的不同合力现象。

图 7-5　芭蕾舞 pose

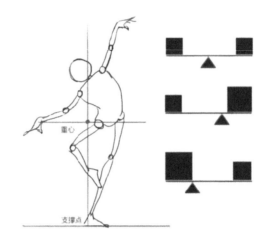

图 7-6　pose 分析

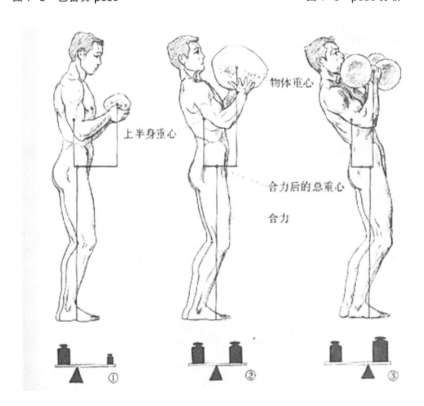

图 7-7　不同负重的总重心位置(选自《动态人体》)

（1）人体负重的重力小于上半身的重力,这样在"杠杆"上合力后的重心离上半身重心线落点较近。

（2）人体负重的重力等于上半身的重力,这样在"杠杆"上合力后的总重心正好在上半身重心线落点和所负重物重心线落点的中心。

（3）人体负重的重力大于上半身的重力,这样在"杠杆"上合力后的总重心离上半身重心线落点较远。

这就是为什么人要搬的东西越重,会把身体越往后倾的原因。通过这个杠杆合力法则,可以检查自己制作角色的 pose 的重心是否正确合力。鉴于篇幅的原因,这里就不再深入讨论,但重心问题是值得大家深入研究的,推荐大家多去看几本专门研究动态人体及重心的书籍。

2.动态线是否进行了强化

动态线是一条通过角色身体的假想的线,展示角色姿态的力度、标志角色 pose 的趋势和能量(外放的或者内蕴的)方向。美的动态线一定是有合理的夸张,使得这个姿势有方向性、力量感、流动感和引导力。例如舞蹈演员(见图7-8)、武术师(见图7-9)等的动作就非常漂亮,这就是因为经过专业的训练后,他们的身体柔韧度、平衡度等让他们的身体动态线可以呈现出比普通人更夸张的视觉效果。

图 7-8　芭蕾舞动作

图 7-9　拳击动作

　　动画角色可就不需要训练了,它们的绑定允许它们做足够夸张的动作,需要训练的是动画师。动画师在做动画角色pose的时候就要有意识地将角色的身体动态进行夸张,去增加角色pose或者动态线的强度。强化动态线后会让角色的pose更有力量感(见图7-10)。关于pose动态线强化后带来的力量感,大家还可以对比图7-11中的效果,图中4组pose,右边的打击力度明显大于左边。还有一个很实用的强化力量感的经验:为pose制作"C"形或"S"形的动态线。

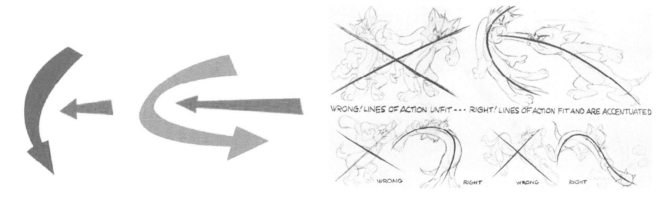

图 7-10　强化动态线后产生的力量感　　　　　图 7-11　选自 Preston Blair 的《Advanced Animation》

　　在三维动画的具体制作中,可以将角色想象成几个方盒子(见图7-12),然后从胸腔的朝向、肚脐眼的朝向(重心)、肩线、胯部的扭曲等方面去调整。最后才是双臂的pose,其中又以手的动作为研究的重点。当然最终的效果还是要符合我们之前说的原则——强化。

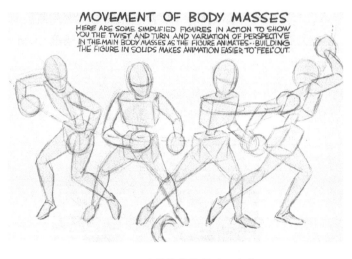

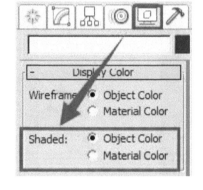

图 7-12　人体结构简化为立方体　　　　　　　　图 7-13　剪影显示设置

总结一下，失败 pose 可能具有的特征：缺乏方向性，中庸的水平线和垂直线，无力，无引导性，无电影张力。好 pose 应当具有的特征：很强的方向性，强有力，画面的流动感，能引导观者的眼睛，有电影张力。

3.pose 的剪影是否清晰

剪影是判断 pose 好坏的一个非常有用的方法。在摆 pose 过程中学习使用剪影来检查 pose 是否能够表达出特定的含义是动画师最常用的方法之一。在 Maya 软件里按下 7 键可以直接查看，在 Max 中查看 pose 剪影的操作要复杂一点。可以首先将模型本身修改为黑色，然后在显示面板里的 Display Color 卷展栏下的"Shaded:"组里进行切换(见图 7-13)。当以"Object Color"显示时就是全黑的剪影效果，以"Material Color"显示时就是带贴图的效果。

例如图 7-14 这两个 pose，其剪影也非常清晰，它们就是非常漂亮的 pose。

图 7-14　pose 及剪影

4.pose 是否符合角色个性和情绪

皮克斯经典动画短片《Geri's Game(棋逢敌手)》中，动画师用外貌相同的角色去塑造了两个不同的角色个性。这种成功就在于为这两种个性设计了不同的 pose(见图 7-15)。给角色设计正确的符合个性的 pose 非常重要。如果一个角色摆出不符合他性格的 pose 将会让人觉得很不可信，有时候也会让人觉得滑稽可笑，就像一个黑人大汉却摆出了一个扭捏女人的造型(见图 7-16)。

图 7-15　两种不同性格的 pose

图 7-16　不符合角色的 pose 带给人滑稽感

好的 pose 除了表现角色性格外,还应该可以表现角色的情绪。并不只有表情可以有喜怒哀乐,pose 一样需要有这些不同的情绪(见图 7-17)。

| 害怕 | 骄傲 | 迷惑 | 高兴 | 伤心 | 迷失 |

图 7-17　不同 pose 表现不同情绪(选自王博的《动画师之路 经典动画原理学习手册》)

除了图 7-17 的情绪以外还有很多其他情绪状态,例如疲惫、失落、兴奋……(见图 7-18 到图 7-20)

图 7-18 疲惫 pose 练习

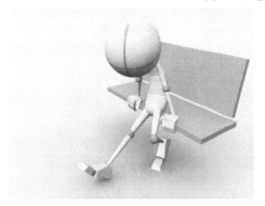

图 7-19 失落 pose 练习

图 7-20 兴奋 pose 练习

7.1.4 pose 练习

　　pose 练习应该是动画师贯穿始终的必修课。pose 练习的方法有两种,一种是手绘动态速写,一种是直接在软件中用绑定好的模型将 pose 摆出来。摆 pose 时可以设定一些主题,例如之前提到的兴奋、失落、疲惫……然后有针对性地去总结这些 pose 各自有什么特征,下次在动画制作中碰到类似情况,就会很顺利地设计出需要的 pose。如果是手绘动态速写,应该尽可能在较短的时间内抓住角色的动态,不需要去在乎细节。可以从"5 秒钟动态线"练习开始,练习如图 7-21 所示的这种简单的火柴人,也可以使用如图 7-22 所示的这种形式。

图 7-21 pose 练习参考 1

图 7-22　pose 练习参考 2

7.2

受击动作

7.2.1　运动规律六——预备缓冲

角色的动作一般分为三个阶段：运动的准备阶段、动作实施阶段和动作跟随阶段。第一个阶段就是所说的动作预备。有些情况，动作预备是根据物理运动规律需要这样做，比如说在你投掷一个球之前，必然要先向后弯曲你的手臂以获得足够的势能。这个向后的动作就是预备动作，投掷就是动作本身（见图 7-23）。

动作预备有一个很重要的作用：暗示即将要发生的事情，可以让观众有一个心理预期，给观众带来惊喜，还会用来引导观众的视线趋向即将发生的动作。所以常见的一个长时间的预备动作意味着下面的动作速度会非常快。如果你注意观察卡通片，你可能会遇到类似的情况，角色先是预备奔跑的样子，然后一溜烟地急速消失。角色在奔跑前，通常会先抬起一条腿，弯曲他的胳膊，即使他马上就开跑了。这就是常见的动作预备。

大家可以打开"jamba_ 预备缓冲动画欣赏"这个小动画来看一看，它是关于小怪兽摔手机的动作（见图 7-24）。手臂扬起，在

图 7-23　投掷动作分解

图 7-24 Jamba 动画短片截屏

空中停留的时间略长,摔下后则非常快,因为在前面较长时间让观众看到了这个预备动作,所以观众心里就会有预期,就算摔下来的节奏很快,甚至快到看不清,但观众仍然知道发生了什么。

总之,一个好的动画应该让观众明白什么是将要发生的(动作预备),什么是正在发生的(动作本身)和什么是已经发生的(类似于动作跟随)。角色身体的绝大多数运动都需要某种形式的动作预备阶段。特别是从静到动的运动状态的转变。比方说,角色要开始走的时候,肯定要先转移自身的中心到一条腿上,这样才能抬起另外一条腿。

预备动作有一个基本上算是万用的原理:当你要朝某一个方向去做运动的时候,那么就朝它完全相反的方向动态去做预备动作。

缓冲其实就是动作跟随阶段,是力源消失后,角色在惯性的作用下继续运动产生的动作。观看文件夹中的"美国动画短片《动能和惯性的传说》"这个小动画,片中这个角色为了阻止滚轮的石头下滑,在地面上滑动直到快接近城堡才缓慢停下,就是惯性的表现(见图 7-25)。同样以投掷动作为例,投球出去后胳膊会因为惯性没有停下来,继续向前摆,所谓的动作惯性跟随就是发生在这个时刻,胳膊没有停在本应该停止的位置上,而是靠惯性继续摆动一段时间然后反方向摆回来,这就是缓冲动作。以游戏受击动作为例,角色被击中后,会往被击打的方向继续运动一段距离,这段动作也是缓冲动作。

图 7-25 美国动画短片《动能和惯性的传说》

7.2.1 受击动作实例

首先分析项目需求分档和原画,了解策划的要求,分析原画角色的性格和职业特征,然后在头脑中大致设想好击打动作,并在草稿纸上将动作绘制出来,再进一步去理解动作,确定制作的思路,保证制作的时候思路清晰,这样制作的效率就会比较高。

受击动作一般包含了"被击打"和"后退"这两大部分。因为在玩游戏时,角色被攻击的时候都属于战斗状态,所以受击动画是接战斗待机的,那么受击动作的第一个 pose 就应该是战斗待机的 pose。如果将受击动作再细分的话一般有这样一个过程:战斗待机 pose—被击中—惯性后退—寻找重心—稳住重心—回原始姿态(战斗待机 pose)。打开课程文件"fengxingzhe_hit05 最终",点击角色的质心,在时间轴上可以找到这几个对应的关键帧(见图 7-26)。

所以制作的时候我们可以使用 pose to pose 的方法，先将这几个关键动作摆出来。制作完关键 pose 后，就可以调整 pose 的节奏，有经验的动画师，可以凭经验很快找到这些关键 pose 的位置。最后再进行受击动作的细节润色。

战斗待机pose　　　被击中　　　惯性后退　　　寻找重心　　　稳住重心　　　回原始姿态

图 7-26　受击动作分解

1.被击中

被击中的关键 pose 应该具有挤压和夸张的特点，整体呈压缩状态，看上去具有爆发力，摆这个 pose 的时候要注意体现角色被打的凄惨感，并且重心是丢失的，也就是角色处于运动中的失衡状态。一般的受击动作分为腹部受击、头部受击、背部受击等几个受击点。根据受击部位不同，被打击后所做出的反应、受击方向也不同。如果将这个 pose 设计为腹部受击，可以摆出如图 7-27 所示的样子。具体如何设计，100 个设计师可能有 100 种做法，这是动画师的自由，但这些做法一定要符合角色性格和项目需求。

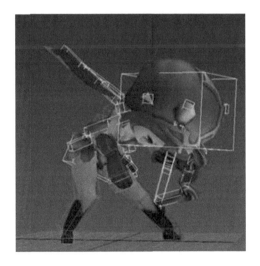

图 7-27　被击中后的 pose

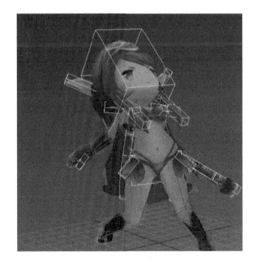

图 7-28　重心稳住后的 pose

2.惯性后退

这是由被击打的力造成的顺势动作，由于受到惯性的影响，旋转和位移都会顺着受力方向继续变大。摆这个 pose 时，旋转位移基本到最大幅度，此时角色仍然是失去重心的。

设计上也可以让某一只脚后退，使得身体有一个侧让动作，不一定非要让身体向正后方倒，这样看上去动作更丰富，更有吸引力。

3.寻找重心

这个 pose 角色的上半身继续向后倒，为了保持平衡，重心压低，并且向前移动，接近平衡。这时的重心在整体动作中是处于最低点。因为受击动作一定要让玩家感觉到后面一条腿要承受身体被击打而产生的往后倒的重力，否则后退的腿就是一个摆设，看上去不自然。而要有这样的感觉，身体的重心高度是一个关键，要让身体重心有高低变化，产生往下压的感觉，腿的受力感才会体现出来。

4.稳住重心

这个 pose 是角色平衡下来的 pose,重心就一定要稳,身体摆正。这个 pose 已经比较接近初始 pose 了。

然后调整这几个关节 pose 的时间点,让动作符合应有的节奏;受击动作中,为了让"被击打"的动作体现出力量感,速度要快,这样才有爆发力,后退是惯性造成的顺势动作,就是受击的缓冲动作。被击打的时候速度很快,给人受力很重的感觉,但接下来要给角色动作一种放松感(见图 7-28),应该慢慢地降低速度,所以间隔的时间相对较长,不然动作会比较机械,像机器人。回到初始 pose 的时间也要充足一点,让动作结束得慢一点,不能让角色突然停下来,避免动画显得僵硬。所以本案例中的时间分别是:战斗待机 pose(F0)—被击中(F1)—惯性后退(F3)—寻找重心(F9)—稳住重心(F17)—回原始姿态(F20)。

最后是添加细节,这个步骤也叫 BD,添加小原画帧,也就是更深入地刻画动作,考虑 pose 之间是怎么过渡的,并且让这种过渡符合运动规律。例如,受击后退,身体和腿的动作一定要错开,挨打以后,脚先后退,身体再后退,回来的时候,身体先回,重心稳住后,再将脚摆回原位。如果采用脚的位置不动的方式,那么重心和上半身的旋转则应该错开。在添加细节的过程中,主要考虑以下几点:

(1)思考人体关节运动的先后关系;

(2)思考挤压拉伸的夸张幅度是否合理;

(3)思考整个动作是否流畅。

7.3
死亡动作

本节要点:

(1)慢入慢出原理;

(2)死亡动作制作技术。

本节教学建议:

本节内容主要完成慢入慢出运动规律的分析,通过第一小节的学习,学生能分析出动画中的慢入慢出原理应用。通过实践案例的学习,学生对游戏动画中的常规死亡动作的制作思路、技巧、关键帧分解有清晰的认识。建议教学时间为 8 课时。

7.3.1　运动规律七——慢入慢出

"慢入慢出"有时候也叫作渐进和渐出,来自英文"Ease In and Out"或是"Slow In and Out",这是研究动作速度的规律。所谓"速度",是指物体运动的快慢。按物理学的解释,是指路程与通过这段路程所用时间的比值。在通过相同的距离时,运动越快的物体所用的时间越短,运动越慢的物体所用的时间就越长。在三维动画软件中,如果在任何相等的时间内,物体所通过的路程都是相等的,那么它的运动就是匀速运动(见图 7-29);如果在任何相等的时间内,质点所通过的路程不是都相等的,那么它的运动就是非匀速运动。非匀速运动又分为加速运动和减速运动。速度由慢到快的运动称加速运动,速度由快到慢的运动称减速运动。动作的速度变化表明不同的动作种类和程度变化,

图 7-29　匀速运动

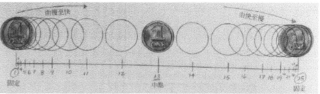

图 7-30　慢入慢出运动

并带给观众不同的心理感受。

现实世界中的物体运动，一般不可能是匀速运动，多呈一个抛物线形的加速或减速运动。一个从"静止—移动—结束"的动作轨迹表现为"慢—快—慢"的动作节奏，也就是先加速再减速的过程，这种节奏变化的方式我们称为"慢入慢出"(见图 7-30)。就像汽车起步一样，一段动作的开始不可能一下子就特别快，停下来的时候也是一样，如果动作结束之前，速度不逐渐减缓，停止的动作会特别突兀、不自然。所以慢入慢出的规律可以让动作看上去更平滑。一般来说，时间长度和空间幅度都是固定的情况下，动作的平滑开始和结束是通过放慢开始和结束动作的速度，加快中间动作的速度来实现的。

在三维动画中，可以通过调整曲线的切线、增加帧等方式，来保证动作平滑地开始、平滑地结束，避免出现动作生硬的情况。比方说，第 6 章中那只弹跳的小牛，当它起跳时，受重力影响速度应该越来越小(慢入)，当它向下运动的时候应该逐渐加速(慢出)，所以在它达到顶点的时候都会有慢入和慢出。

7.3.2　死亡动作实例

打开课程文件"fengxingzhe_die05 最终版"，观看并分析这段死亡动作设计。通过分析，可以看出，常规死亡动作的过程一般包括：初始 pose—被击中—旋转—倒地—静止。游戏中，玩家角色被攻击的时候都属于战斗状态，所以和受击动画一样，死亡动画也是接战斗待机，第一帧仍然是战斗待机的 pose。

战斗待机pose　　被击中　　惯性旋转　　倒地　　静止

图 7-31　死亡动作分解

1.被击中

被击中的关键帧 pose 应被拉伸，并进行夸张，同时制作中注意这里是整个动画中的最高点，角色身体重心丢失，有即将倒下的感觉。

2.旋转

旋转是被击打后造成的惯性动作，旋转是顺着击打方向、力度而继续变化的。然后逐渐停止旋转，整个身体力量消失，角色开始倒地，倒地的过程又是一个逐渐加速的过程。这是整个死亡动作中最缓慢的部分，是时间最长且让观者看得最清楚的地方。这个关键帧就类似于小球弹跳中，跳到最高点的那一帧，是死亡动作的慢入慢出点。

3.倒地

倒地应该包括身体接触地面、然后反弹、再到静止的过程。要设计好身体的哪些部位先接触地面，其他部位是跟随延迟的效果。这个案例设计的倒地动作是向前倒,所以重心在这个时候要略微向前调整一下,让角色有一个向前跪地的过渡动作(见图 7–32)。因为设计的倒地动作幅度不是特别大,所以倒地反弹的动作幅度也不能太大,就在结尾处让质心有轻微上移、上面的腿轻微抬起即可。

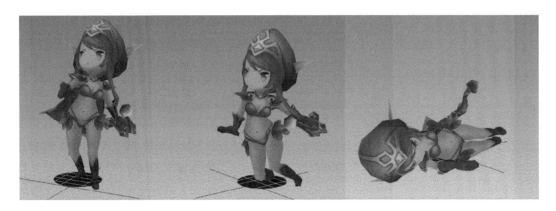

图 7–32　倒地动作分解

4.静止

死亡的最终结果是静止,让角色各部位缓慢地静止。

制作死亡动作的思路是先摆出角色的初始帧及倒地帧两个关键 pose,然后摆出被击中、惯性旋转两个关键帧,然后再调整这几个关键帧的节奏,最后再细化关键帧之间的过渡帧。对角色动画进行细化,强化人物躯干、手脚等运动跟随以及缓冲等,使整个动画具有节奏感、肉感。

7.4
攻击动作

本节要点:

(1)弧线运动规律;

(2)攻击动作设计及制作技巧;

(3)攻击关键帧分解。

本节教学建议:

攻击动作同样是运动规律综合运用的案例,并不是只包含弧线运动,只是选择在这个攻击动作案例中来分析弧线运动而已。教师教学时应把握重点。建议教学时间为 8 课时。

7.4.1　运动规律八——弧线运动

动画中物体的运动轨迹,往往表现为圆滑的曲线形式。因此在调整中间帧时,要以圆滑的曲线设定连接主要画面的动作,避免以锐角的曲线设定动作,否则会出现生硬、不自然的感觉。不同的运动轨迹,表达不同角色的特征。例如机械类物体的运动轨迹,往往以直线的形式进行;而生命物体的运动轨迹,则呈现圆滑曲线的运动形式。

在三维动画软件中,打开物体的运动轨迹去观察现有的效果,以便进行调整,如图 7-33 所示红色的曲线,就是武器的运动轨迹。可以看到这段曲线大部分都呈现平滑的弧线运动效果,只有最上面有一段较直的过渡,这是因为动画师为了表达攻击的力量感,所以让预备 pose 和攻击 pose 两帧之间变化特别大。直线运动有利于表现力量感,但仍然要考虑在动作的前后加入一点弧线运动。

7.4.2　攻击动作实例

攻击动作有很多种,五花八门,为了便于初学者学习,可以将这些动作简单划分为弧线类攻击和直线类攻击。弧线类攻击动作如劈砍、摆拳、摆腿等,直线类攻击如直拳、砸地、勾拳等。如果原创设计有难度,可以寻找各种类型的参考,来帮助完成攻击动作的制作。除了这些常规攻击动作外,游戏动画的攻击动作还有很多"花式攻击"动作需求,常被称为技能动作,要求招式美观、炫酷。可以说,攻击动作是为动画师提供了最大自由度的动作类型,但非常考验动画师的创意能力,尤其是摆 pose 的能力。虽然我们在这一小节讲的是弧线运动原理,但攻击动作绝对是对运动原理的综合考验,所以是难度最大的动画。平时大家一定要注意多收集一些参考资料,这样在动作设计的时候可以派上大用场。

攻击动画主要公式可以概括为:初始 pose—预备 pose—攻击 pose—缓冲 pose—初始 pose。中间的攻击 pose 就视具体的设计来确定需要几个关键帧。

1.初始 pose

初始 pose 一般为待机 pose 即第 0 帧,这个 pose 表明了角色的站姿和武器的拿法,让动画师可以在脑海中构思出角色的攻击方式(见图 7-34)。

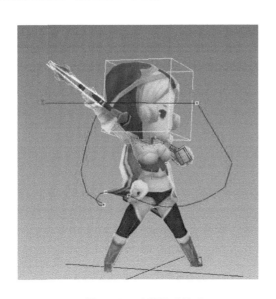

图 7-33　武器运动轨迹

图 7-34　初始 pose

2.预备 pose

预备 pose 是攻击动作的关键,这个 pose 决定了你的攻击有没有力度,所以这个 pose 的幅度比较大,跟初始 pose 对比强烈(见图 7-35)。

3.攻击 pose

攻击 pose(见图 7-36)是攻击动作中击打到对象的关键帧,这个 pose 一般和预备 pose 之间的帧数很短,就是为了突出角色的打击感。攻击 pose 和预备 pose 之间的对比做好,打击感就显示出来了。

4.缓冲 pose

攻击动画最主要的是打击感,所以在摆完关键 pose 后,我们要进一步加强动画的打击感,让一个动画打击感强除了 pose 之间的对比和节奏外,最重要的是攻击完之后的缓冲。例如坦克之所以让人感觉很有打击感是因为攻击完之后车身和炮管的晃动。所以在角色攻击完之后加入适当的缓冲可以让整段动画生动起来(见图 7-37)。

图 7-35 预备 pose

图 7-36 攻击 pose

图 7-37 缓冲 pose

独具个性的动物世界
——动物及人兽角色的动画制作

DUJU GEXING DE DONGWU SHIJIE
——DONGWU JI REN – SHOU JUESE DE DONGHUA ZHIZUO

◆ **本章指导** ◆

第8章是教材的拓展章节。实际上，非两足角色动画制作的内容在我们"平台+模块"的课程体系中，放在了难度较大的"模块课"之内，这里是将其浅层次的一般规律提前在基础动画的内容里和大家分享。将这部分内容放在这本基础教材中，主要目的是让大家发现除了两足动物外的、更为奇妙的其他生物的运动之美，为立志成为一名职业动画师的同学打开一扇门。

◆ **教学建议** ◆

本章内容在三维动画基础课程内，若受到教学课时的限制，教师主要完成运动规律的讲解，实践练习可以让学生自己完成，有了前面章节的训练，学生应具有参考关键帧分解图、独立完成一段基础动画的制作能力。

8.1
四足动物的动画制作

本节要点：

(1)四足角色走路运动规律；

(2)四足角色跑步运动规律。

本节教学建议：

本节主要介绍四足角色的走、跑关键帧分解。通过教学活动，学生要掌握四足角色走跑动画制作的关键帧形态，并能使用三维软件制作出来。建议教学时间为4课时，学生课后练习课时不少于8课时。

8.1.1　运动规律九——四足动物的运动规律

四足角色无论是在动画片还是游戏中，都有出色的表现，但是四足动画却并不是那么容易制作的。常见的四足动物有爪类动物和蹄类动物，无论哪一种四足动物都有一样的步点节奏。这一点很奇妙，让我们体会到结构、功能、审美三者在四足动物身上竟能达到完美的平衡。

与制作两足动物一样，我们首先要了解四足动物的运动规律，分解出它们走路或是跑步的关键帧。在第4章我们已经了解四足动物的结构，现在让我们从身体结构出发，去分析它们的运动方式。

动物的前脚就类似于人的双臂关节，第1个关节就像人的肩与上臂的关节，第2个关节就像人类的手肘关节，第3个关节就像是人类的手腕。行走时仍然是和人类行走一样的5个关键帧(见图8-1)。后肢(见图8-2)的行走的方式也是5个关键帧，原理是一样的，因为前肢的关节1模仿后肢的膝关节功能，肘部即关节2模仿脚后跟，下臂和手的动作就像身体后部的脚和脚尖。

但是前肢和后肢并不是简单地合并在一起的，而是有略微的错帧，简单一点处理，可以设计为当前肢是接触帧时，后脚是过渡帧，然后依次错开、循环(见图8-3、图8-4)。

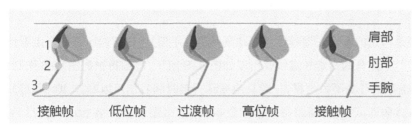

图 8-1 前肢关键帧分解　　　　　　　　　图 8-2 后肢结构分析

图 8-3 四足爬行分析 1　　　　　　　　　图 8-4 四足爬行分析 2

学习运动规律最好的途径还是要多观察生活中的四足类动物,带着前面的分析,去体会它们是怎么走和跑的。身边的四足动物其实挺多,不难发现,例如宠物狗,宠物猫等。头脑里要有个大概的走路、跑步节奏。当然一些专门的研究动物运动规律的书籍也是非常不错的参考资料(见图 8-5)。

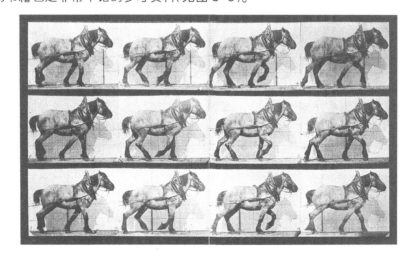

图 8-5 选自《Horses And Other Animals In Motion》

8.1.2　四足行走动画制作实例

打开文件课程准备的绑定文件"马 _skin"。这个动物的绑定采用的是 CS 骨骼与 Bone 骨骼结合绑定,CS 骨骼是控制人物整体移动及旋转,Bone 骨骼可以控制动物飘带武器部分的位置和使用(见图 8-6)。

马的行走动画制作思路分析如下：

马的行走动画制作，整体参考还是行走的5个关键帧位。在《动画师生存手册》中说可以将马的行走看作是前面一个人后面跟着一只鸵鸟（见图8-7）。于是马的行走关键帧就可以如图8-8所示，我们将根据图8-8来制作动画。大型四足角色走路和小型四足角色走路的节奏不太一样，一般马的循环行走时间我们可以制作40帧，每只脚迈一步的时间都是20帧，5个关键pose间隔时间相同，所以每5帧一个pose，那么图8-8中各pose的时间节奏可以设计为F0、F5、F10、F15、F20，交换一步的关键帧pose是F25、F30、F35、F40。和两足角色行走帧的制作顺序一样，先制作F0、F20和F40三个接触关键帧，再制作F10、F30两个过渡关键帧，最后制作F5、F15以及F25、F30两对低位帧和高位帧。

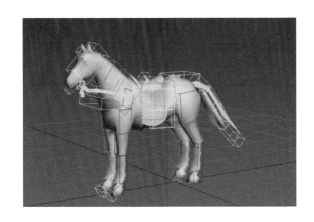

图8-6 马的绑定

图8-7 马的行走分析图

接触帧 + 过渡帧　　低位帧 + 高位帧　　过渡帧 + 接触帧　　高位帧 + 低位帧　　接触帧 + 过渡帧

图8-8 四足行走关键帧分析

步骤1：制作质心的位移及旋转

1.制作质心的上下移动（黄色上下位移帧）

首先在F0、F20、F40处为质心各记录一个关键帧，然后在F10和F30的地方将质心向上移动一点，并记录关键帧，使质心运动形成两次起伏循环。

2.制作质心部位旋转——置心（绿色旋转帧）

在Left视图，使用Local坐标，旋转Y轴，在F10、F30处，质心向上运动的时候将马的身体向下旋转，在F0、F20、F40处质心向下运动的时候，质心向上旋转。注意旋转的幅度不要太大。（见图8-9）

在Top视图下，使用Local坐标，旋转X轴，F0和F40向左旋转、F20向右旋转。形成左—右—左的一个循环。这个旋转的方向是要配合后腿左右脚迈出的前后顺序的。（见图8-10）

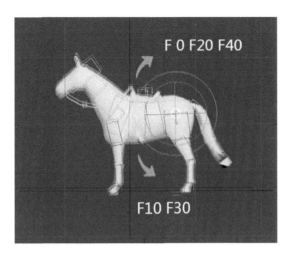

图 8-9　质心前后旋转说明

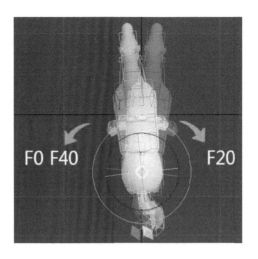

图 8-10　质心扭转说明

步骤 2：制作躯干及头颈关节的旋转

1.躯干三段关节的旋转

1）在 Left 视图中，使用 View 坐标，上下旋转关节

2）在 Top 视图中，使用 View 坐标，左右旋转关节

需要调整的帧数是 F0、F10、F20、F30、F40。旋转的整体思路是躯干关节要与质心旋转的方向相反，因为要抵消质心旋转的影响，根据反向运动原理，制作出关节的柔软感。在调整的时候应做到以下几点：

（1）质心和胸骨的上下运动相反，胸骨上下运动幅度小。

（2）胸骨总保持水平。

（3）基本上，腰椎往下转（腰肌关节往上凸），胸肌总往上转（胸肌关节往下凸）。

为了做到以上几点，一般让第一节腰椎与质心旋转的方向相同，但是度数略小，第二节腰椎旋转方向与质心完全相反，第三节旋转方向与第二节相同，但是旋转度数略大一点。

2.盆骨旋转

哪一侧腿承担身体重量，那一侧的胯部就顶起来。根据前面提到的质心在 F0、F40 的旋转方向，F0 和 F40 应该是蓝腿在后面，绿腿在前面。F20 是蓝腿在前，绿腿在后，所以 F0 到 F20，是蓝腿抬起来往前迈步，绿腿则是受力的一侧，F10 绿腿这边的胯关节要高于蓝腿，F30 刚好相反。

具体制作可在正视图中，用 Local 坐标旋转 Y 轴。

3.胸椎左右旋转

用同样的道理分析胸椎的左右旋转，用 Local 坐标旋转，但旋转的度数不要太大。旋转的最大值和最小值要配合前腿的步伐而定，所以旋转的位置，放在 F0、F20、F40 处。

这一步可以做也可以省略，省略的原因如下：

（1）肩关节已有上下运动，可以代替胸部冠状面旋转的功能。

（2）若胸部冠状面旋转了，会导致肩锁关节失去原有的位置，也会导致头颈晃动。

步骤 3：制作后腿的步伐

（1）根据图 8-8 所示，后腿第一关键帧是接触帧，所以我们可以先在 F0、F40 处将马的后腿摆出蓝腿在后、绿腿在前的接触帧 pose（见图 8-11），然后在 F20 处摆出蓝腿在前、绿腿在后的接触帧 pose（见图 8-12）。

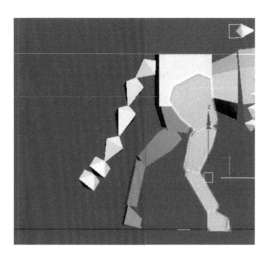
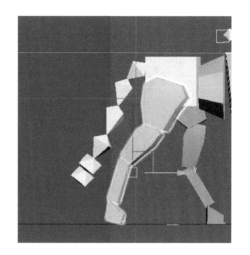

图 8-11　F0 和 F40 的关键 pose　　　　　　图 8-12　F20 的关键 pose

（2）然后制作 F10、F30 的过渡帧，在 F10 的时候抬起蓝腿，在 F30 的时候抬起绿腿，相应 pose 参考图 8-8。

（3）制作蓝腿 F5 和 F15 的低位帧及高位帧，相应 pose 参考图 8-8。

（4）制作绿腿 F25 及 F35 的低位帧和高位帧，相应 pose 参考图 8-8。

制作完成后，蓝色腿的关键帧 pose 如图 8-13 所示。

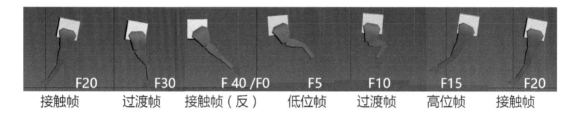

| F20 | F30 | F 40 /F0 | F5 | F10 | F15 | F20 |
| 接触帧 | 过渡帧 | 接触帧（反） | 低位帧 | 过渡帧 | 高位帧 | 接触帧 |

图 8-13　关键帧步伐分析

步骤 4：制作前腿的步伐

运用与后腿同样的制作思路制作前腿的步代。

制作完这些主要关键帧之后需要进行细节调整。

8.2
飞禽类动物的动画制作

8.2.1　运动规律十——翅膀扇动

　　飞禽类动物的运动主要以空中飞行为主，对飞禽类动画运动规律的研究主要就在它们的翅膀是如何运动这个问题上。简单一点来看，翅膀的运动其实也是反向运动的结果。翅膀往下扇动的时候，身体会因产生的推动力而向上抬高,翅膀向上扇动的时候,会因为空气的阻力而使得身体向下。而单个翅膀的运动动态,就是之前学过的"跟随重叠"运动规律的应用,如图 8-14 所示。

鸟类翅膀扇动的节奏会有所区别,一般像麻雀一样的小型鸟翅膀扇动频率略高,一秒钟可以扇动 12 次,而鹰、鹤等大型鸟类一秒钟翅膀只扇动 1 至 2 次。一般情况下,角色的体积越大振翅越慢,体积越小振翅越快。教材中的案例比较适中,适用于鹰的大小。

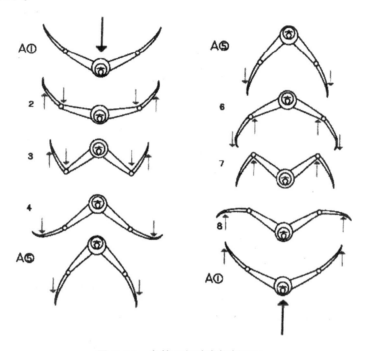

图 8-14　鸟的飞行动态解析(正)

8.2.2　飞禽类动物动画制作实例

打开文件课程准备的绑定文件"b002_skin"。这个案例是四足加一对翅膀,四足使用 Biped 骨骼绑定,而翅膀使用 Bone 骨骼绑定,所以这里只需要把翅膀的根关节 pose 制作出来,其他骨骼主要使用飘带解算器来制作翅膀的飘带感。主要有如图 8-15 所示的几个关键 pose。

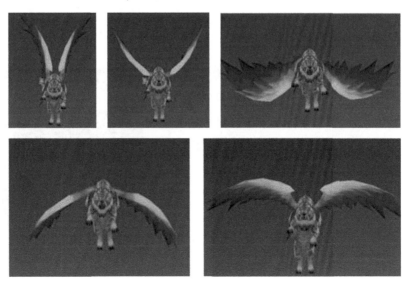

图 8-15　翅膀关键 pose

8.3
多足昆虫的动画制作

8.3.1 运动规律十一——多足昆虫行走

昆虫的运动规律相对来说并不复杂,不管该昆虫是四足、六足还是八足还是其他多足,它们的运动规律不会有太大的变化。身边的多足类昆虫很多,例如蚂蚁、蜘蛛等,大家应注意观察生活中的昆虫类动物是怎么移动的。

无论昆虫有多少条腿,我们都把它们看成是两条腿来做动画。每一对腿的运动都是同步的,然后利用错帧法将昆虫的步伐错开,这样昆虫的行走动画看上去就不会很僵硬了。

昆虫行走的关键帧可以稍微简单一点:接触帧两条腿落地,中间过渡帧两条腿抬起来,腿的行走轨迹形成一段弧线,如图 8-16 所示。从顶视图看,昆虫腿在前方的接触帧 pose,其腿离身体略远,腿在后方的接触帧 pose,其腿离身体略近,所以腿的运动轨迹就形成了一条斜线(见图 8-17)。

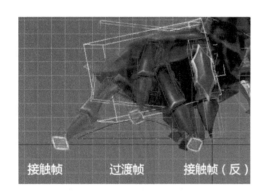

图 8-16 侧视图看昆虫的行走

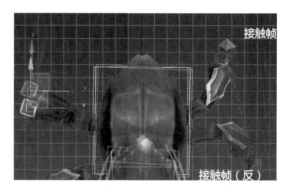

图 8-17 侧视图看昆虫的行走

8.3.2 昆虫爬行动画实例

打开文件课程准备的绑定文件"xiaoqiang_skin"。检查每根骨骼找到质心,确保每根骨骼都有权重,检查的目的是明确一些骨骼的用处,比如骨骼之间的连接关系,分别控制哪些部位等。这个动物的绑定采用的是 CS 骨骼与 Bone 骨骼以及虚拟体结合绑定,CS 骨骼是控制生物整体移动及旋转,Bone 骨骼和虚拟体可控制腿部的位置和使用(见图 8-18)。

1.骨盆补位的上下移动——置心(黄色位移帧)

质心在腿接触帧的后一帧是下帧,两个下帧的正中间是上帧,上下帧落差小,所以在显示周期中应有 4 个黄帧。注意:2 个下帧一样,2 个上帧一样。

图 8-18 昆虫案例

2.骨盆部位前后旋转——置心(绿色旋转帧)

当大腿往后蹬的时候,臀部撅起来,两个撅臀的正中间是收臀。在 Left 视图中做。在显示周期时应该有 4 个绿帧(正巧与黄帧重合)。注意:2 个撅臀帧转的度数一样,2 个收臀帧转的度数一样。详情参考 xiaoqiang_run01 文件。

3.胸、腰段矢状面旋转

落帧与置心矢状面转动重合,在 Left 视图中做,用 View 旋转。显示周期内有 4 个关键帧。

需满足:

(1)置心和胸骨的上下运动相反,胸骨上下运动幅度小。

(2)胸骨总保持水平。

(3)基本上,腰往下转(腰椎关节往上凸),胸往上转(胸锁关节往下凸)。

4.骨盆部位左右旋转——盆骨

哪一侧腿承担体重最多的时候,那一侧的胯部就顶起来,用 Local 旋转,只在时间轴显示周期内的 4 个关键帧上做。

5.胸左右面旋转

旋转胸关节,用 Local 旋转,和盆骨左右一致,旋转的幅度很弱。

这一步在控制不好幅度的情况下,可以做也可以省略,省略的原因:

(1)肩关节已有上下运动,可以代替胸部冠状面旋转的功能。

(2)若胸左右面旋转了,会导致肩关节失去原有的位置,也会导致头颈晃动,最终效果如 xiaoqiang_run02 -03 文件。

6.添加脚部的步伐

根据图 8-16 和图 8-17 所示的效果,分别添加质心上的位置。过渡位置放在质心下的关键帧上,保证首位循环。

7.利用错帧法

将后面一对腿的关键帧往后错开即可。

8.4
半人半兽角色的动画制作

8.4.1　运动规律十二——人兽角色行走

制作半人半兽的角色,看上去非常复杂,但是搞清楚它们的结构后,就并不会觉得复杂。首先从绑定开始分析。打开文件课程准备的绑定文件"banrenma_skin"。这个动物的绑定采用的是双 Biped 骨骼,一个 Biped 控制下半身,类似四足动物绑定,另一个 Biped 保留上半身,控制角色上半身模型动画,再加上 Bone 骨骼控制动物飘带部分的位置和使用(见图 8-19)。所以下半身根据四足类动画做,上半身根据人形动画做,Bone 骨骼绑定的配件运动则注意跟随的运动规律即可。

8.4.2　人马兽动画实例

　　人马兽四条腿奔跑的动画制作方法完全参考四足奔跑动画制作，上肢动作可以参考两足奔跑时的手臂制作方法，具体步骤在此不详细说明。观察绿腿分别在触地帧（接触帧）、踏地中间帧（过渡帧）、蹬腿帧（反接触帧）、放松帧（低位帧）、腾空中间帧（过渡帧）、前踢帧（高位帧）这几个主要关键帧的 pose（见图 8-20）。具体动画详情请参考 banrenma_run05 文件视频。

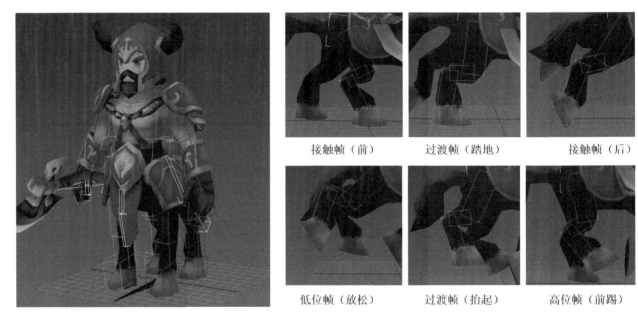

接触帧（前）　　　　　过渡帧（踏地）　　　　　接触帧（后）

低位帧（放松）　　　　过渡帧（抬起）　　　　　高位帧（前踢）

　　　图 8-19　人马兽案例　　　　　　　　　　图 8-20　跑步中后腿的关键帧 pose

课后练习

　　完成四足、飞禽、多足昆虫、半人半兽等四类角色的案例制作。评分标准参考第 6 章课后评分标准。

参考文献

[1][英]理查德·威廉姆斯.原动画基础教程——动画人的生存手册[M].邓晓娥,译.北京:中国青年出版社,2017.

[2][美]克里斯·韦伯斯特.动画——角色的运动和动作[M].ACG国际动画教育,杜晓莹,商忱,译.北京:人民邮电出版社,2009.

[3][美]Michael D.Mattesi.力量——动画速写与角色设计[M].ACG国际动画教育,吴伟,王颖,译.北京:人民邮电出版社,2009.

[4][美]Michael D.Mattesi.彰显生命力——动态素描解析(第2版)[M].ACG国际动画教育,程雪,孙博,译.北京:人民邮电出版社,2009.

[5][美]Preston Blair.Cartoon Animation[M].Tustin,CA:Walter Foster Publishing,1994.

[6]王博.动画师之路 经典动画原理学习手册[M]. 北京:人民邮电出版社,2014.

[7][美]Preston Blair.Advanced Animation[M]. Tustin,CA:Walter Foster Publishing,1947.

[8][美]Eadweard Muybridge.Horses And Other Animals In Motion[M].New York:Dover Publications,Inc.,1985.

SANWEI DONGHUA JICHU